粟根 秀史 著

文英堂

この本の特色と使い方

　中学入試で差がつくポイントは，頻出問題を「速く」「正確」に解くことです。この本では中学入試でよく出題される問題をもとに，「素早く答えを出す練習」「正確な答えを出す練習」ができます。

　この本の本冊には「例題」「ポイントチェック（まとめ）」「解説・答案例」を，別冊には「実戦力アップ問題」を載せています。次のような使い方をすれば，効果的な学習ができるでしょう。また，答えを導き出すまでの時間も短縮されるはずです。

本冊
- まず，左ページの例題に取り組みます。時間をかけて，問題の傾向をつかむように。
- 次に，右ページのまとめを見て，例題の要点を視覚的に頭に入れよう！
- 別冊に実戦力アップ問題があるので，本冊のページを開いたまま問題を考えられます。

別冊
- 実際の入試問題にチャレンジ！目標時間を意識しながら解きましょう。最初は「ポイントチェック」を見ながらでも構いません。

本冊
- 問題の解答・答案例は本冊のページをめくったところにあるので，自分の答案と答案例をじっくり見比べられます。
- 解いた問題の答え合わせをします。目標時間内に解けなかったときは，答案例を見て速く解くコツを身につけましょう。

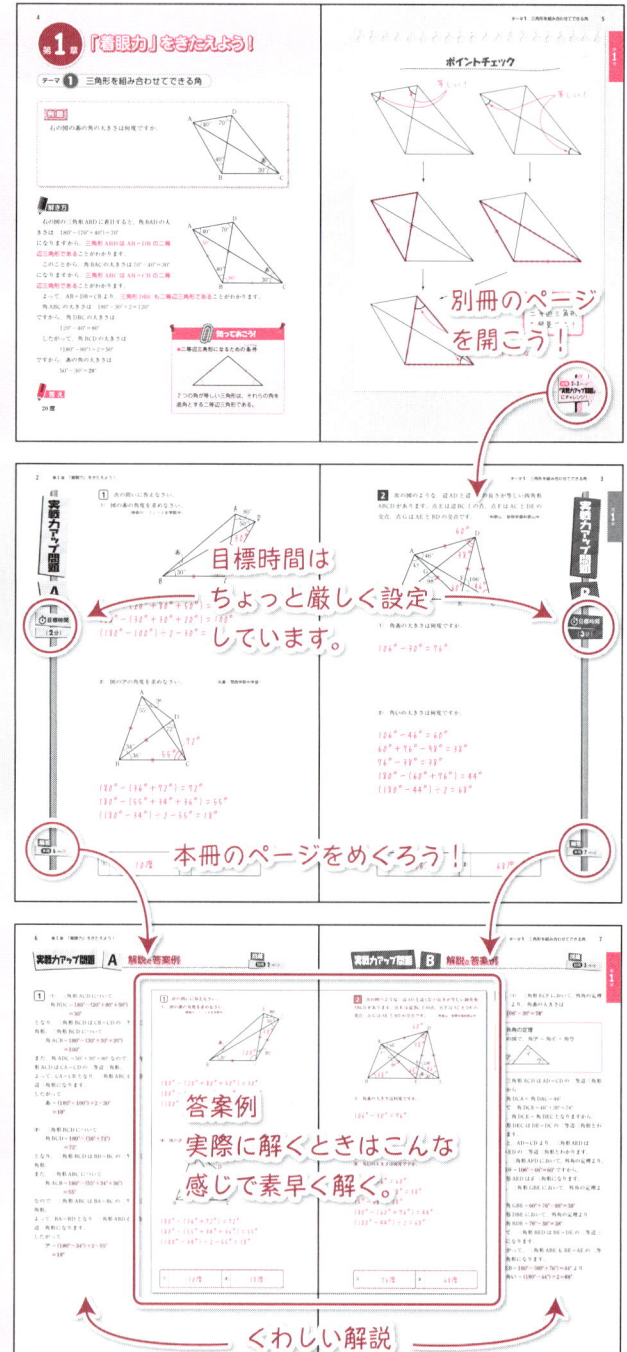

別冊のページを開こう！

目標時間はちょっと厳しく設定しています。

本冊のページをめくろう！

答案例　実際に解くときはこんな感じで素早く解く。

くわしい解説

もくじ

第1章 「着眼力」をきたえよう！

- テーマ① 三角形を組み合わせてできる角 …… 4
- テーマ② 正方形の中で垂直に交わる2直線 …… 8
- テーマ③ 面積の差 …… 12
- テーマ④ 三角形の底辺の比と面積の比 …… 16
- テーマ⑤ 三角形の高さの比と面積の比① …… 20
- テーマ⑥ 三角形の高さの比と面積の比② …… 24
- テーマ⑦ 三角形の2辺の比と面積の比① …… 28
- テーマ⑧ 三角形の2辺の比と面積の比② …… 32
- テーマ⑨ 直角三角形の相似 …… 36
- テーマ⑩ ピラミッド型・クロス型の相似 …… 40
- テーマ⑪ 三角形の中の正方形の1辺 …… 44
- テーマ⑫ 正方形の折り返しと相似 …… 48
- テーマ⑬ 台形の4分割 …… 52

第2章 「補助線」をマスターしよう！

- テーマ① 2つの円が交わってできる角 …… 56
- テーマ② おうぎ形を折り返してできる角 …… 60
- テーマ③ 2つの正方形を並べてできる三角形の面積 …… 64
- テーマ④ 長方形の中の2つの三角形の面積の和 …… 68
- テーマ⑤ 長方形の中の四角形の面積 …… 72
- テーマ⑥ 正六角形の分割 …… 74
- テーマ⑦ 三角形の内接円の半径 …… 80
- テーマ⑧ 6つの内角がすべて等しい六角形 …… 84
- テーマ⑨ 複合図形の面積① …… 88
- テーマ⑩ 複合図形の面積② …… 92
- テーマ⑪ 複合図形の面積③ …… 96
- テーマ⑫ 半径がわからない円の面積 …… 100
- テーマ⑬ 辺の比と面積の比の利用 …… 104
- テーマ⑭ 太陽の光によるかげ …… 108
- テーマ⑮ 三角形の相似の利用 …… 112

第3章 「移動」のワザを身につけよう！

- テーマ① おうぎ形を組み合わせてできる図形の面積の和 …… 116
- テーマ② 三角形を回転させてできる図形の面積 …… 120
- テーマ③ おうぎ形の中の図形の面積 …… 124
- テーマ④ 底辺と高さがわからない三角形の面積① …… 128
- テーマ⑤ 底辺と高さがわからない三角形の面積② …… 132
- テーマ⑥ 面積から長さを求める …… 136
- テーマ⑦ 向かい合う三角形の面積の和 …… 140

第4章 「作図力」をみがこう！

- テーマ① 犬が動けるはん囲の面積 …… 144
- テーマ② 三角形の転がり …… 148
- テーマ③ 長方形の転がり …… 152
- テーマ④ 円の転がり① …… 156
- テーマ⑤ 円の転がり② …… 160
- テーマ⑥ おうぎ形の転がり …… 164
- テーマ⑦ 図形の平行移動 …… 168
- テーマ⑧ 紙を折ったあと広げる …… 172

「着眼力」をきたえよう！

テーマ 1 　三角形を組み合わせてできる角

例題

右の図のあの角の大きさは何度ですか。

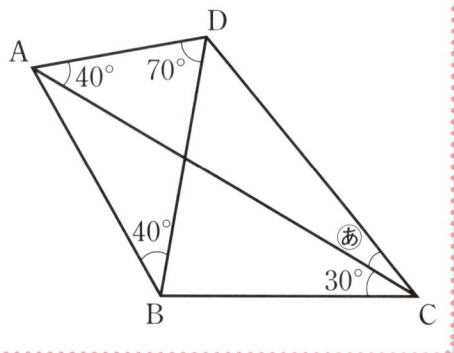

解き方

右の図の三角形ABDに着目すると，角BADの大きさは　180°−(70°+40°)=70°
になりますから，**三角形ABDはAB=DBの二等辺三角形である**ことがわかります。

このことから，角BACの大きさは70°−40°=30°になりますから，**三角形ABCはAB=CBの二等辺三角形である**ことがわかります。

よって，AB=DB=CBより，**三角形DBCも二等辺三角形である**ことがわかります。

角ABCの大きさは　180°−30°×2=120°
ですから，角DBCの大きさは
　　120°−40°=80°
したがって，角BCDの大きさは
　　(180°−80°)÷2=50°
ですから，あの角の大きさは
　　50°−30°=**20°**

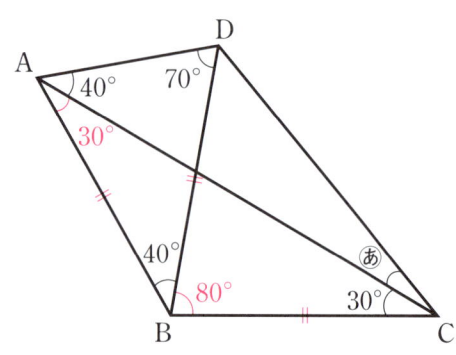

答え

20度

知っておこう！

●二等辺三角形になるための条件

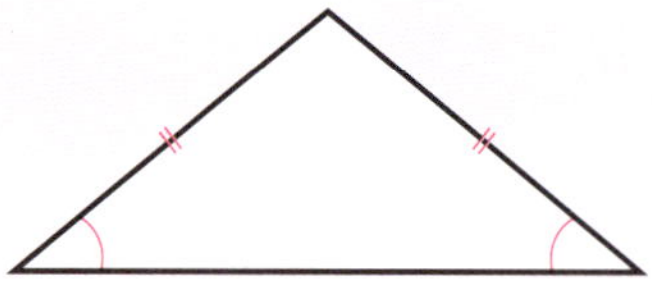

2つの角が等しい三角形は，それらの角を底角とする二等辺三角形である。

ポイントチェック

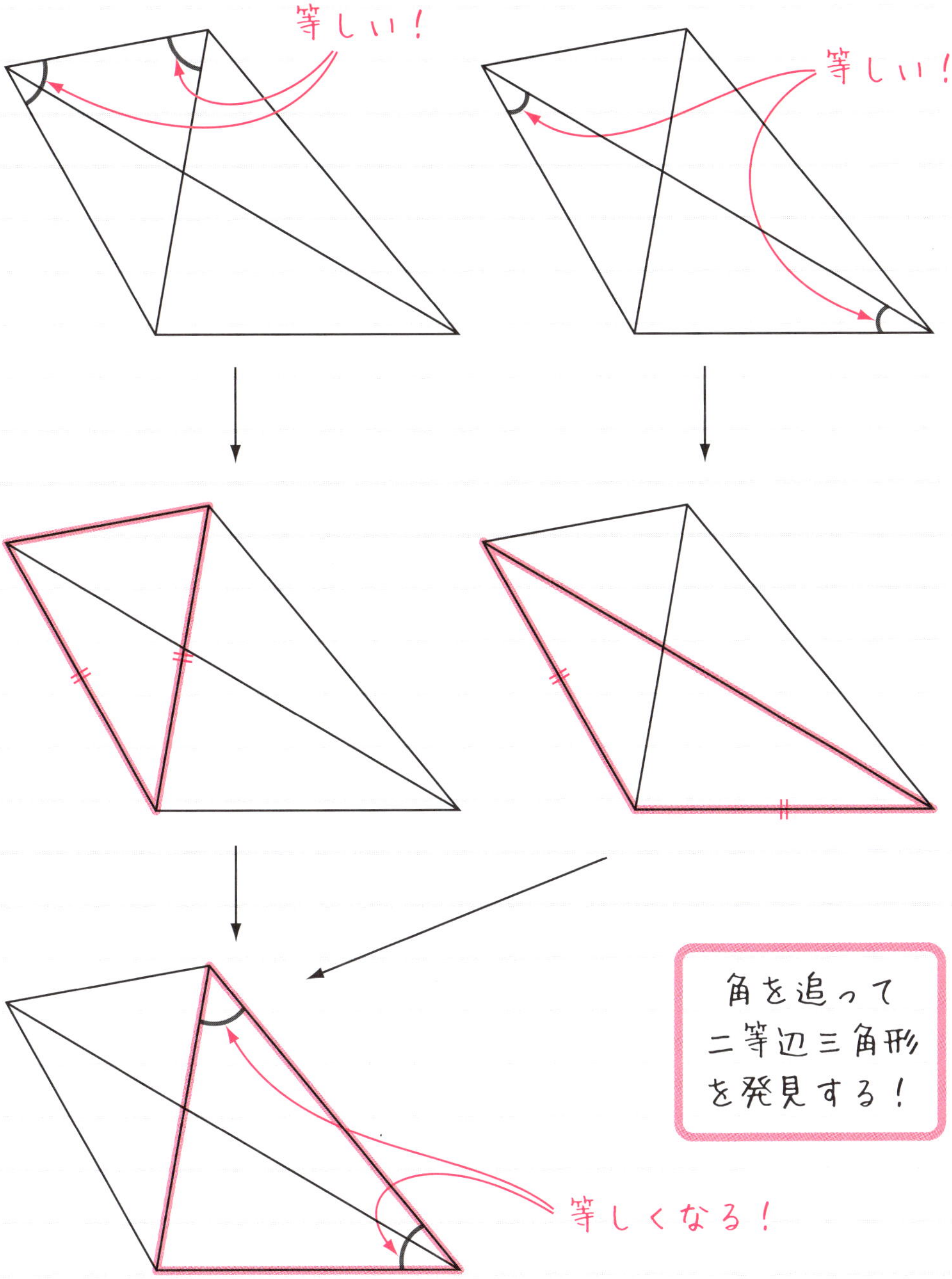

等しい！

等しい！

角を追って
二等辺三角形
を発見する！

等しくなる！

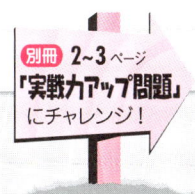
別冊 2〜3ページ
「実戦力アップ問題」
にチャレンジ！

実戦力アップ問題 A 解説と答案例

1 (1) 三角形ACDについて
　　　角BDC＝180°−(20°+80°+50°)
　　　　　　＝30°
となり，三角形BCDはCB＝CDの二等辺三角形。三角形BCDについて
　　　角ACB＝180°−(30°+30°+20°)
　　　　　　＝100°
また，角ADC＝50°+30°＝80°なので，三角形ACDはCA＝CDの二等辺三角形。
よって，CA＝CBとなり，三角形ABCが二等辺三角形になります。
したがって
　　　あ＝(180°−100°)÷2−30°
　　　　＝**10°**

(2) 三角形BCDについて
　　　角BCD＝180°−(36°+72°)
　　　　　　＝72°
となり，三角形BCDはBD＝BCの二等辺三角形。
また，三角形ABCについて
　　　角ACB＝180°−(55°+34°+36°)
　　　　　　＝55°
なので，三角形ABCはBA＝BCの二等辺三角形。
よって，BA＝BDとなり，三角形ABDが二等辺三角形になります。
したがって
　　　㋐＝(180°−34°)÷2−55°
　　　　＝**18°**

1 次の問いに答えなさい。
(1) 図のあの角度を求めなさい。　(神奈川・フェリス女学院中)

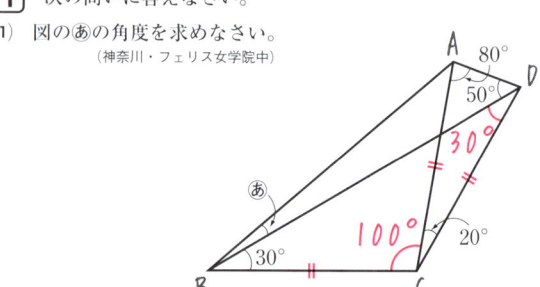

$180°−(20°+80°+50°)=30°$
$180°−(30°+30°+20°)=100°$
$(180°−100°)÷2−30°=10°$

(2) 図の㋐の角度を求めなさい。　(兵庫・関西学院中学部)

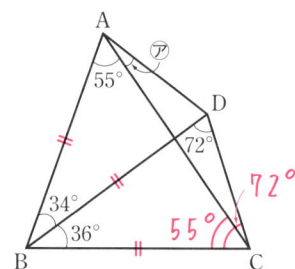

$180°−(36°+72°)=72°$
$180°−(55°+34°+36°)=55°$
$(180°−34°)÷2−55°=18°$

| (1) | 10度 | (2) | 18度 |

実戦力アップ問題 B 解説と答案例

テーマ1 三角形を組み合わせてできる角

問題 別冊 3ページ

2 次の図のような，辺ADと辺CDの長さが等しい四角形ABCDがあります．点Eは辺BC上の点，点FはACとDEの交点，点GはAEとBDの交点です．（和歌山・智辯学園和歌山中）

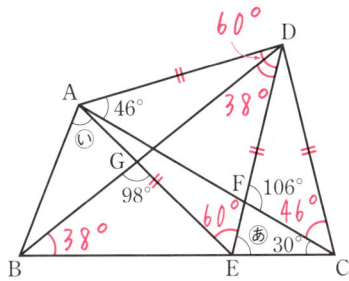

(1) 角あの大きさは何度ですか．

$106° - 30° = 76°$

(2) 角いの大きさは何度ですか．

$106° - 46° = 60°$
$60° + 76° - 98° = 38°$
$76° - 38° = 38°$
$180° - (60° + 76°) = 44°$
$(180° - 44°) \div 2 = 68°$

| (1) | 76度 | (2) | 68度 |

---

2 (1) 三角形ECFにおいて，外角の定理より，角あの大きさは
$106° - 30° = \mathbf{76°}$

☆外角の定理
下の図で，角㋐＝角㋑＋角㋒

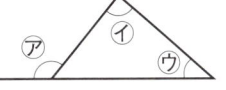

(2) 三角形ACDはAD＝CDの二等辺三角形ですから
　角DCA＝角DAC＝46°
よって　角DCE＝46°＋30°＝76°
より，角DCE＝角DEC となりますから，
三角形DECはDE＝DCの二等辺三角形とわかります．
これと，AD＝CDより，三角形AEDは
AD＝EDの二等辺三角形とわかります．
また，三角形AFDにおいて，外角の定理より，
角ADF＝106°－46°＝60°ですから，
三角形AEDは正三角形になります．
次に，三角形GBEにおいて，外角の定理より
　角GBE＝60°＋76°－98°＝38°
三角形DBEにおいて，外角の定理より
　角BDE＝76°－38°＝38°
よって，三角形BEDはBE＝DEの二等辺三角形になります．
したがって，三角形ABEもBE＝AEの二等辺三角形になります．
角AEB＝180°－（60°＋76°）＝44°より
　角い＝（180°－44°）÷2＝**68°**

テーマ 2 正方形の中で垂直に交わる2直線

例題

右の図のような正方形ABCDの辺上に点E, Fをとると，BEとFCは垂直になりました。
FG＝4cm，GC＝9cm，GE＝7cmのとき，
三角形ABEの面積は何cm²ですか。

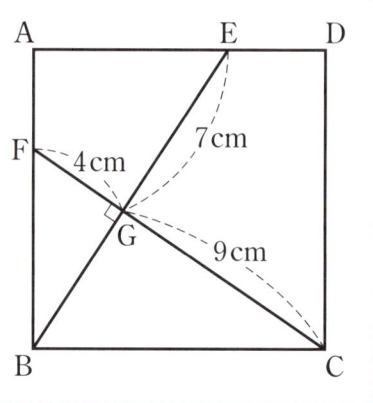

解き方

右の図で　角ABE＝90°－角GBC
　　　　　　　　　　　└角FBC

直角三角形GBCにおいて
　　角GCB＝90°－角GBC ←角GBCと角GCBの和は，180°－角BGC(90°)だから。

よって，三角形ABEと三角形BCFにおいて，
1組の辺とその両端の角がそれぞれ等しいから，
AB＝BC，角EAB＝角FBC，角ABE＝角BCF
三角形ABEと三角形BCFは合同であることがわかります。
知っておこう！参照

したがって　BE＝CF＝4＋9＝13(cm)
より　BG＝13－7＝6(cm)
ですから

　　三角形ABEの面積
　＝三角形BCFの面積
　＝13×6÷2
　＝**39(cm²)**

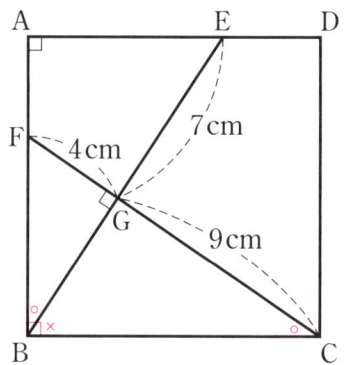

39cm²

知っておこう！

●三角形の合同条件
① 3組の辺がそれぞれ等しい
② 2組の辺とその間の角がそれぞれ等しい
③ 1組の辺とその両端の角がそれぞれ等しい

ポイントチェック

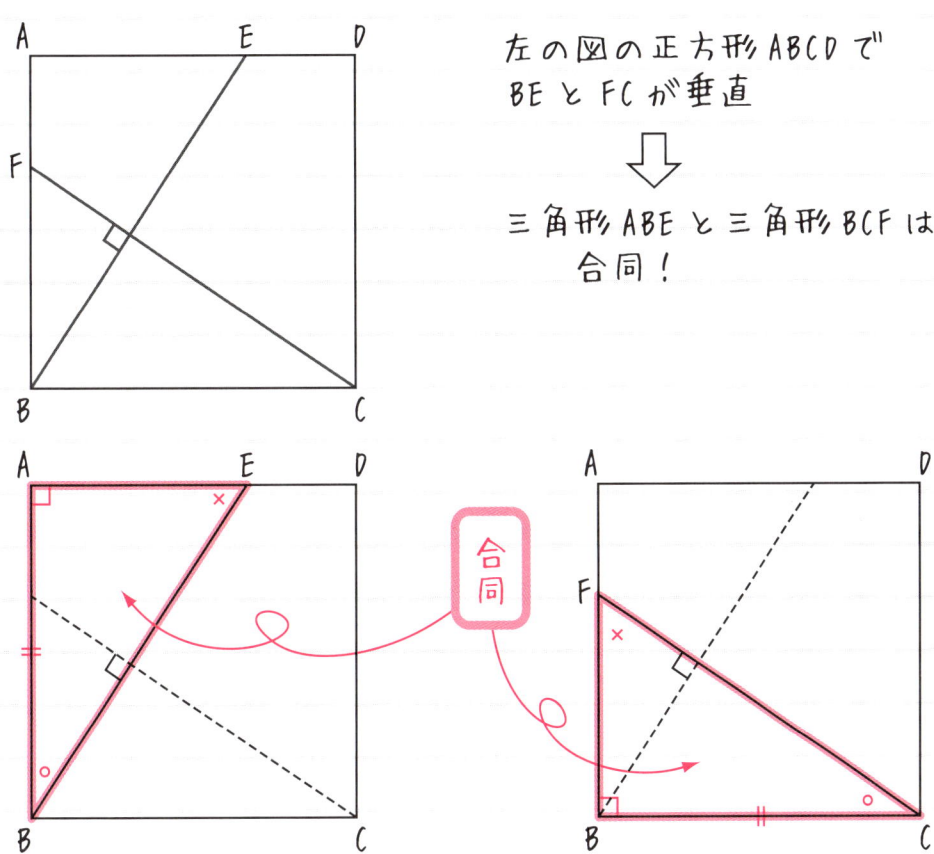

左の図の正方形 ABCD で
BE と FC が垂直
⇩
三角形 ABE と三角形 BCF は
合同！

発展させよう！

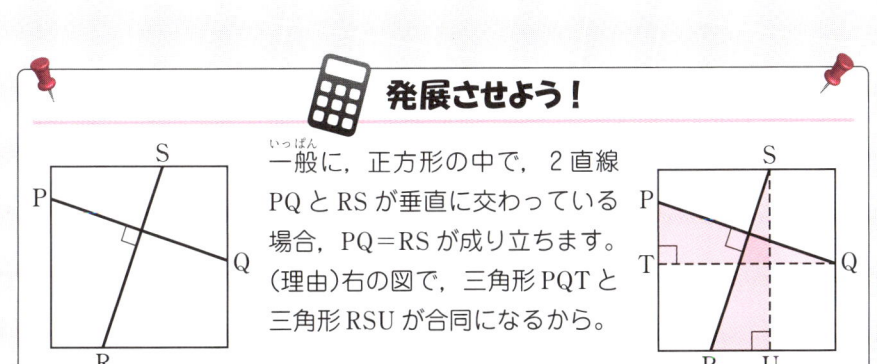

一般に，正方形の中で，2直線 PQ と RS が垂直に交わっている場合，PQ＝RS が成り立ちます。
(理由)右の図で，三角形 PQT と三角形 RSU が合同になるから。

3 三角形ABEと三角形DAFにおいて
　　AB＝DA
　　角ABE＝角DAF
　　角BAE＝角ADF＝90°－角AFD
よって，1組の辺とその両端の角がそれぞれ等しいから，
三角形ABEと三角形DAFは合同になります。
したがって
　　DF＝AE＝4＋6＝10(cm)
ですから
　　三角形ABEの面積
　　＝三角形DAFの面積
　　＝10×4÷2
　　＝**20(cm²)**

3 正方形ABCDの辺上に，次の図のようにE，Fをとると，AEとDFは垂直になりました。AG＝4cm，GE＝6cm，GD＝8cmのとき三角形ABEの面積を求めなさい。（東京・城北中）

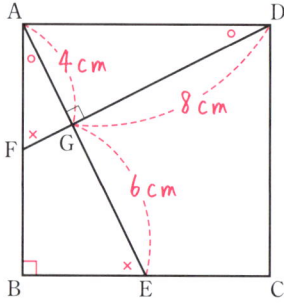

$4+6=10 \text{(cm)}$
$10 \times 4 \div 2 = 20 \text{(cm}^2\text{)}$

20 cm²

実戦力アップ問題 B 解説と答案例

4 次の図の四角形ABCDは正方形です。このとき，しゃ線部分の面積を求めなさい。
（東京・青稜中）

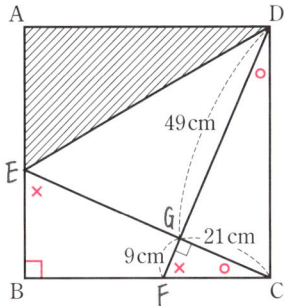

$$49+9=58(cm)$$
$$58\times49\div2=1421(cm^2)$$
$$58\times21\div2=609(cm^2)$$
$$1421-609=812(cm^2)$$

答 $812cm^2$

4 三角形EBCと三角形FCDにおいて
　　BC＝CD
　　角EBC＝角FCD
　　角BCE＝角CDF＝90°－角GFC
よって，1組の辺とその両端の角がそれぞれ等しいから，
三角形EBCと三角形FCDは合同になります。
したがって
　　EC＝DF＝49＋9＝58(cm)
ですから
　　三角形DECの面積＝58×49÷2
　　　　　　　　　　＝1421(cm²)
三角形DECの面積は，正方形ABCDの面積の半分ですから，三角形AEDと三角形EBCの面積の和は三角形DECの面積と等しく，1421cm²になります。
ここで
　　三角形EBCの面積
　　＝三角形FCDの面積
　　＝58×21÷2
　　＝609(cm²)
より，三角形AEDの面積は
　　1421－609＝**812(cm²)**

テーマ 3 面積の差

右の図のように，1辺の長さが10cmの正方形の中に円の4分の1があります。しゃ線部分⑦と④の面積の差は何cm²ですか。ただし，円周率は3.14とします。

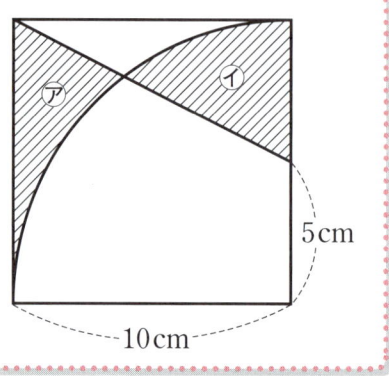

右の図で，⑦と④の部分の面積の差は，

⑦＋⑨と④＋⑨の面積の差に等しいです。

⑦＋⑨の面積（台形ABCEの面積）は

$(10+5)×10÷2=75(cm^2)$

④＋⑨の面積（おうぎ形BCDの面積）は

$10×10×3.14×\dfrac{90}{360}=78.5(cm^2)$

したがって，求める面積の差は

$78.5-75=\mathbf{3.5(cm^2)}$

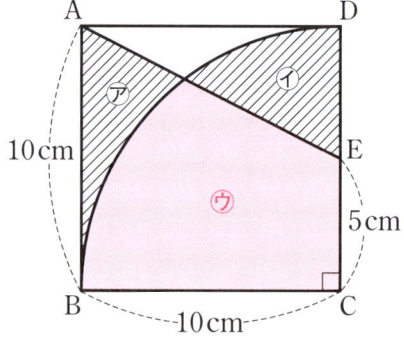

答え

3.5cm²

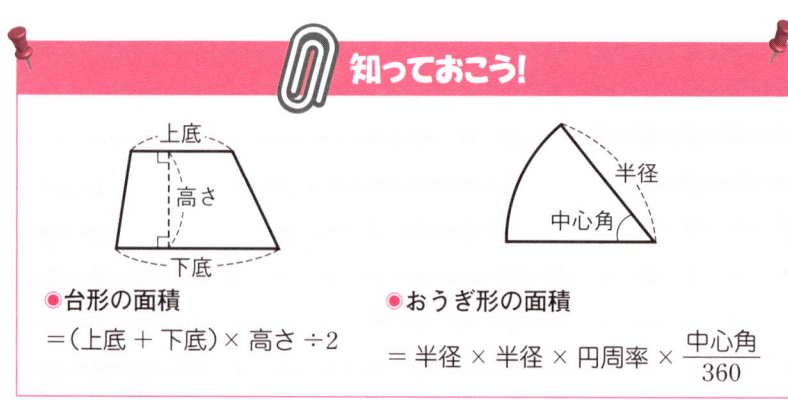

知っておこう！

● 台形の面積
＝（上底＋下底）× 高さ ÷2

● おうぎ形の面積
＝ 半径 × 半径 × 円周率 × $\dfrac{中心角}{360}$

ポイントチェック

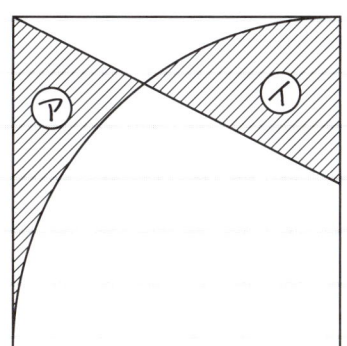

㋐と㋑の面積の差は？

両方に㋒をつけたして差を求める！

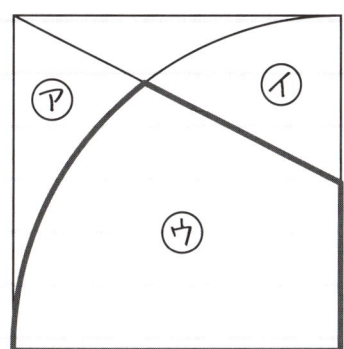

㋐＋㋒　と　㋑＋㋒
　台形　　　おうぎ形

の差を求める。

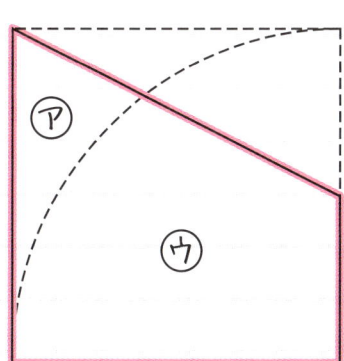
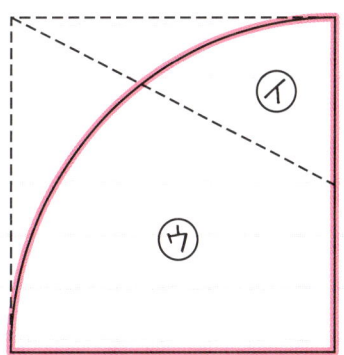

実戦力アップ問題 A 解説と答案例

5 (1) ①＋③の部分の面積（おうぎ形 ABC の面積）は

$$6 \times 6 \times 3.14 \times \frac{60}{360} = 18.84 (cm^2)$$

②＋③の部分の面積（三角形 BCD の面積）は

$$6 \times 3 \div 2 = 9 (cm^2)$$

したがって，①の面積から②の面積をひいた面積は

$$18.84 - 9 = \mathbf{9.84 (cm^2)}$$

(2) ア＋ウの部分の面積（AB を直径とする半円の面積）は

$$3 \times 3 \times 3.14 \times \frac{1}{2} = 4.5 \times 3.14 (cm^2)$$

イ＋ウの部分の面積（おうぎ形 ACB の面積）は

$$6 \times 6 \times 3.14 \times \frac{30}{360} = 3 \times 3.14 (cm^2)$$

したがって，アの部分の面積と，イの部分の面積の差は

$$4.5 \times 3.14 - 3 \times 3.14 = 1.5 \times 3.14$$
$$= \mathbf{4.71 (cm^2)}$$

5 次の問いに答えなさい。

(1) 右の図のしゃ線部分で，①の面積から②の面積をひいた面積は何 cm^2 ですか。（円周率は 3.14 とする。）

（東京・共立女子中）

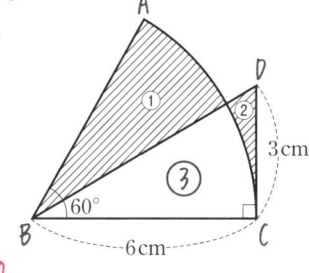

$$6 \times 6 \times 3.14 \times \frac{60}{360} = 18.84 (cm^2)$$
$$6 \times 3 \div 2 = 9 (cm^2)$$
$$18.84 - 9 = 9.84 (cm^2)$$

(2) AB を直径とする半径 3cm の半円を図のように点 A を中心として 30 度回転させると，B が C に移りました。

このとき，図のアの部分の面積と，イの部分の面積の差は ☐ cm^2 です。

☐ にあてはまる数を求めなさい。ただし，円周率は 3.14 とします。

（東京・城北中）

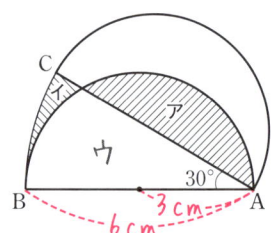

$$3 \times 3 \times 3.14 \times \frac{1}{2} = 4.5 \times 3.14 (cm^2)$$
$$6 \times 6 \times 3.14 \times \frac{30}{360} = 3 \times 3.14 (cm^2)$$
$$4.5 \times 3.14 - 3 \times 3.14 = 1.5 \times 3.14$$
$$= 4.71 (cm^2)$$

| (1) | 9.84 cm² | (2) | 4.71 |

実戦力アップ問題 B　解説と答案例

6 図のように，1辺の長さが8cmの正方形の中に円の4分の1があります。⑦と④の面積の差は何cm²ですか。円周率は3.14とします。
（大阪・四天王寺中）

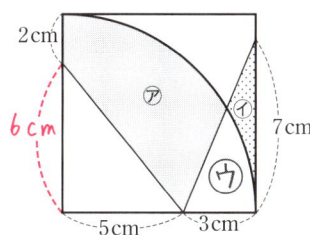

$$8 \times 8 \times 3.14 \times \frac{90}{360} - 5 \times 6 \div 2 = 35.24 \,(\text{cm}^2)$$

$$3 \times 7 \div 2 = 10.5 \,(\text{cm}^2)$$

$$35.24 - 10.5 = 24.74 \,(\text{cm}^2)$$

24.74 cm²

6 ⑦＋⑨の部分の面積は

$$8 \times 8 \times 3.14 \times \frac{90}{360} - 5 \times 6 \div 2$$
$$= 35.24 \,(\text{cm}^2)$$

④＋⑨の部分の面積は

$$3 \times 7 \div 2 = 10.5 \,(\text{cm}^2)$$

したがって，⑦と④の面積の差は

$$35.24 - 10.5 = \mathbf{24.74 \,(cm^2)}$$

テーマ 4 三角形の底辺の比と面積の比

例題

右の図のように，三角形 ABC を面積の等しい5個の三角形に分けます。これについて，次の問いに答えなさい。

(1) AB の長さが 15cm のとき，DF の長さは何 cm ですか。
(2) BG：GE：EC を求めなさい。

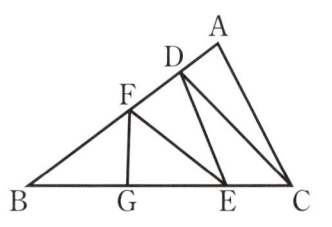

解き方

(1) 面積の等しい5個の三角形に○マークをつけると，比がわかりやすくなります。

AD と DB の長さの比は，三角形 ADC と三角形 DBC の面積の比と等しくなりますから，1：4 です。よって DB の長さは

$$15 \times \frac{4}{1+4} = 12 \text{(cm)}$$

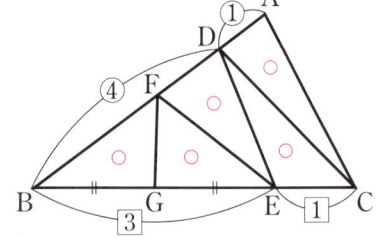

DF と FB の長さの比は，三角形 DFE と三角形 FBE の面積の比と等しくなりますから，1：2 です。よって，DF の長さは

$$12 \times \frac{1}{1+2} = 4 \text{(cm)}$$

(2) BG と GE の長さの比は，三角形 FBG と三角形 FGE の面積の比と等しいですから，1：1 です。

BE と EC の長さの比は，三角形 DBE と三角形 DEC の面積の比と等しいですから，3：1 です。ここで，BE の長さを3とおくと，BG＝1.5，GE＝1.5 となりますから

BG：GE：EC＝1.5：1.5：1
　　　　　　＝3：3：2

答え

(1) 4cm　(2) 3：3：2

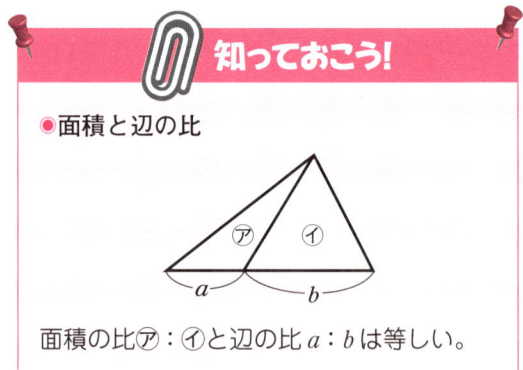

知っておこう！

●面積と辺の比

面積の比㋐：㋑と辺の比 $a:b$ は等しい。

ポイントチェック

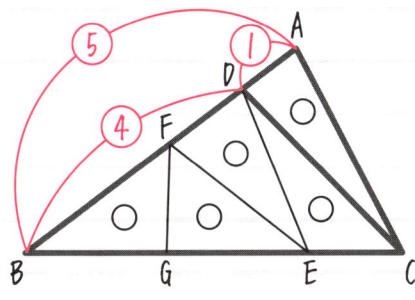 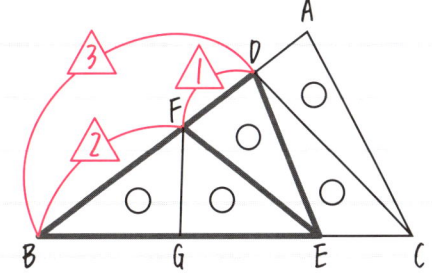

$$DB = AB \times \frac{4}{5}$$
$$DF = DB \times \frac{1}{3}$$

> 高さが等しい三角形の面積の比は，底辺の比になる！

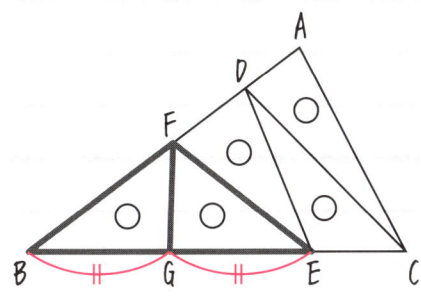 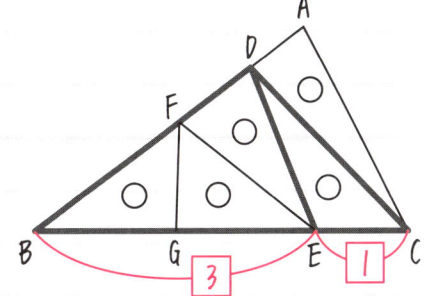

$$BG : GE = 1 : 1 \qquad BE : EC = 3 : 1$$

$$BG : GE : EC = \boxed{1.5} : \boxed{1.5} : \boxed{1}$$
$$= 3 : 3 : 2$$

実戦力アップ問題 A 解説と答案例

7 (1) AF と FG の長さの比は,三角形 ADF と三角形 DFG の面積の比と等しいので

AF:FG=**1:1**

(2) AE と EB の長さの比は,三角形 AEH と三角形 EBH の面積の比と等しいので

AE:EB=**4:1**

(3) AD と DE の長さの比は,三角形 ADG と三角形 DEG の面積の比と等しいので

AD:DE=2:1

ここで,AD=2 とすると

DE=1, AE=3

また,(2)より,AE:EB=4:1 だから

EB=AE×$\frac{1}{4}$=3×$\frac{1}{4}$=$\frac{3}{4}$

したがって

DE:EB=1:$\frac{3}{4}$=**4:3**

7 下の図で,三角形 ADF,三角形 DFG,三角形 DEG,三角形 EGH,三角形 EBH,三角形 BCH の面積はすべて等しいとします。このとき,次の比を簡単な整数で表しなさい。

(徳島文理中)

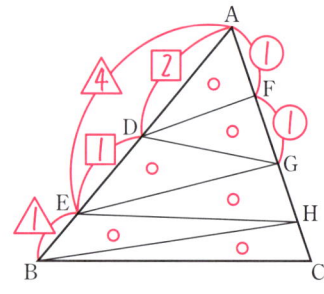

(1) AF:FG

(2) AE:EB

(3) DE:EB

AD:DE = 2:1
AD = 2, DE = 1, AE = 3
AE:EB = 4:1
EB = AE × $\frac{1}{4}$ = 3 × $\frac{1}{4}$ = $\frac{3}{4}$
DE:EB = 1:$\frac{3}{4}$ = 4:3

| (1) | 1:1 | (2) | 4:1 | (3) | 4:3 |

実戦力アップ問題 B 解説と答案例

8

下の図のように,三角形 ABC を面積の等しい 5 個の三角形に分けます。AC＝8cm のとき,AP＝①cm であり,BS：SC＝②：③です。①～③にあてはまる数を求めなさい。

(愛媛・愛光中)

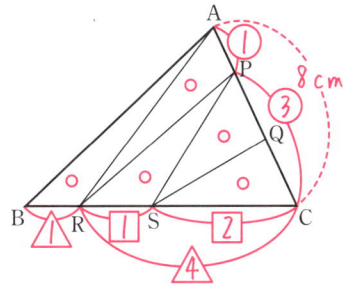

AP：PC ＝ 1：3

$8 \times \dfrac{1}{1+3} = 2$ (cm) ← ①

RS：SC ＝ 1：2

BR：RC ＝ 1：4

BR＝1, RC＝4, BC＝5

$SC = RC \times \dfrac{2}{3} = 4 \times \dfrac{2}{3} = \dfrac{8}{3}$

$BS：SC = \left(5 - \dfrac{8}{3}\right)：\dfrac{8}{3} = 7：8$
　　　　　　　　　　　↑　↑
　　　　　　　　　　　② ③

8

AP と PC の長さの比は,三角形 ARP と三角形 PRC の面積の比と等しいので

　AP：PC＝1：3

したがって,AP の長さは

$8 \times \dfrac{1}{1+3} = \mathbf{2}$ (cm)

RS と SC の長さの比は,三角形 PRS と三角形 PSC の面積の比と等しいので

　RS：SC＝1：2

BR と RC の長さの比は,三角形 ABR と三角形 ARC の面積の比と等しいので

　BR：RC＝1：4

ここで,BR＝1 とすると

　RC＝4, BC＝5

　$SC = RC \times \dfrac{2}{3} = 4 \times \dfrac{2}{3} = \dfrac{8}{3}$

したがって

　$BS：SC = \left(5 - \dfrac{8}{3}\right)：\dfrac{8}{3} = \mathbf{7：8}$

テーマ 5 三角形の高さの比と面積の比①

例題

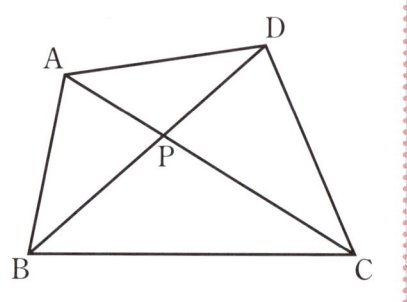

右の図で，三角形 ABC の面積は 12cm²，三角形 DBC の面積は 14cm²，三角形 ACD の面積は 9cm² です。

三角形 ABP の面積は何 cm² ですか。

解き方

右の図で，三角形 ABC と三角形 ACD は底辺 AC が共通だから，高さの比 BP：PD は，面積の比 12：9＝4：3 と等しくなります。　←知っておこう！参照

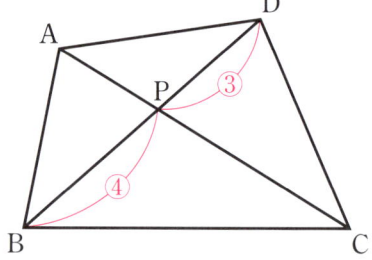

また，三角形 ABD の面積は，三角形 ABC と三角形 ACD の面積の和から三角形 DBC の面積をひいて求めることができますから

12＋9－14＝7（cm²）

したがって，三角形 ABP の面積は

$7 \times \dfrac{4}{4+3} = 4(\mathbf{cm^2})$

答え

4cm²

知っておこう！

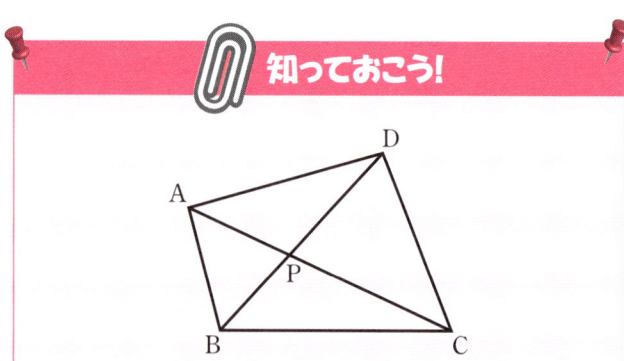

上の図で，三角形 ABC と三角形 ACD の面積の比は BP：PD と等しい。（三角形 ABC，三角形 ACD ともに底辺を AC とすると，BP：PD が高さの比になるから）

ポイントチェック

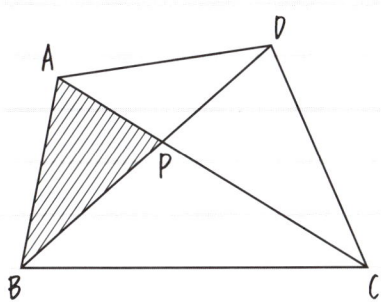  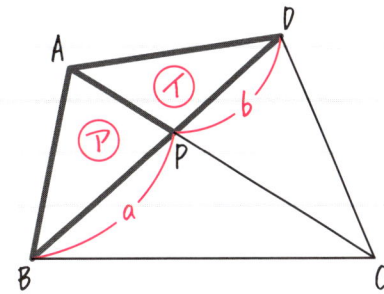

三角形ABPの面積は？

となり合う三角形との面積の比（底辺の比）を考える！

ア : イ = a : b

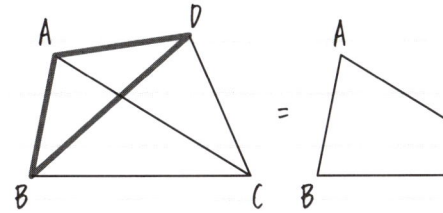

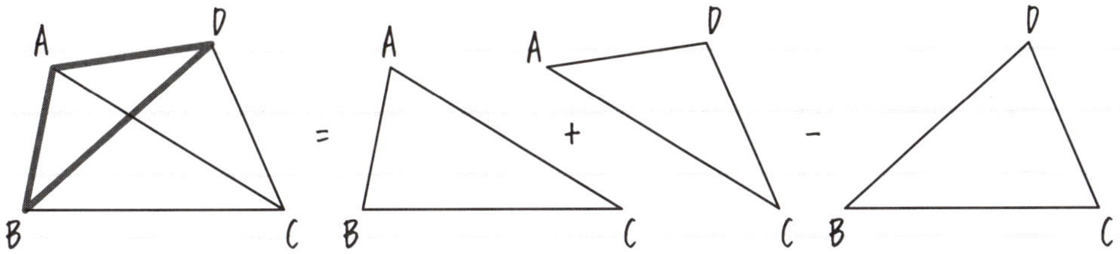

三角形ABDの面積は？ ⇒ （三角形ABCの面積）＋（三角形ACDの面積）－（三角形BCDの面積）

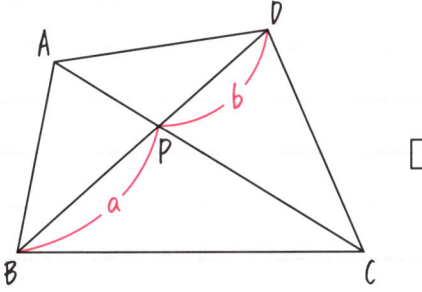 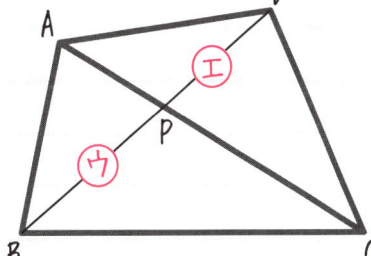

BP : PD は，（三角形ABCの面積） : （三角形ACDの面積）と等しい！

a : b = ウ : エ

実戦力アップ問題 A 解説と答案例

9 三角形 ABC と三角形 ACD は底辺 AC が共通だから，高さの比 BO：OD は，面積の比 20：16＝5：4 と等しくなります。また，三角形 ABD の面積は，三角形 ABC と三角形 ACD の面積の和から三角形 DBC の面積をひいて求めることができるので

$$20+16-21=15 (\text{cm}^2)$$

したがって，三角形 AOD の面積は

$$15 \times \frac{4}{5+4} = 6\frac{2}{3} (\text{cm}^2)$$

☆高さの比

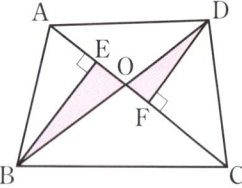

上の図で色のついた三角形は相似なので
　　BE：DF＝BO：DO
となります。
　つまり，三角形 ABC と三角形 ACD の底辺を AC とすると，高さの比は
　　BO：DO
と考えられます。

---

9 右の図で，三角形 ABC の面積は 20cm²，三角形 ACD の面積は 16cm²，三角形 DBC の面積は 21cm² です。このとき，三角形 AOD の面積は □ cm² です。□ にあてはまる数を求めなさい。
（高知・土佐塾中）

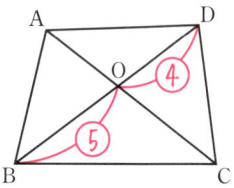

$20:16=5:4$

$20+16-21=15(\text{cm}^2)$

$15 \times \dfrac{4}{5+4} = 6\dfrac{2}{3}(\text{cm}^2)$

$$6\frac{2}{3}$$

実戦力アップ問題 B 解説と答案例

テーマ5 三角形の高さの比と面積の比①

問題 別冊 11 ページ

10 右の図の台形 ABCD は AD：BC＝2：3 で，AD と BC は平行です。いま，辺 AB 上に点 P，辺 CD 上に点 Q をとると，三角形 ADQ，三角形 APQ，三角形 CPQ，三角形 BCP の面積は，それぞれ 3 cm²，5 cm²，4 cm²，3 cm² となりました。AC と PQ の交点を R とするとき，次の問いに答えなさい。

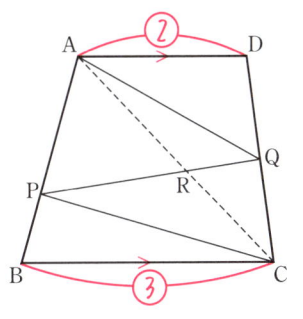

(鹿児島・ラ・サール中)

(1) 三角形 APC の面積はいくらですか。

$3+5+4+3=15(cm^2)$
$15 \times \dfrac{3}{3+2}=9(cm^2)$
$9-3=6(cm^2)$

(2) 三角形 APR の面積はいくらですか。

$15-9=6(cm^2)$
$6-3=3(cm^2)$
$6:3=2:1$
$5 \times \dfrac{2}{2+1}=3\dfrac{1}{3}(cm^2)$

| (1) | 6 cm² | (2) | $3\dfrac{1}{3}$ cm² |

---

10 (1) 台形 ABCD の面積は
$3+5+4+3=15(cm^2)$

三角形 ABC と三角形 ACD は高さが等しいので，面積の比は底辺の比と等しく，3：2になります。

よって，三角形 ABC の面積は
$15 \times \dfrac{3}{3+2}=9(cm^2)$

したがって，三角形 APC の面積は
$9-3=\mathbf{6(cm^2)}$

(2) 三角形 ACD の面積は，
$15-9=6(cm^2)$

より，三角形 ACQ の面積は
$6-3=3(cm^2)$

三角形 APC と三角形 ACQ は底辺 AC が共通だから，高さの比 PR：RQ は，面積の比 6：3＝2：1 と等しくなります。

したがって，三角形 APR の面積は
$5 \times \dfrac{2}{2+1}=\mathbf{3\dfrac{1}{3}(cm^2)}$

テーマ 6 三角形の高さの比と面積の比②

例題

右の図の三角形ABCにおいて，
　　AF：FC＝4：3
　　BE：EC＝3：2
です。これについて，次の問いに答えなさい。
(1) 三角形ABP，三角形BCP，三角形CAPの面積の比を求めなさい。
(2) AD：DBを求めなさい。

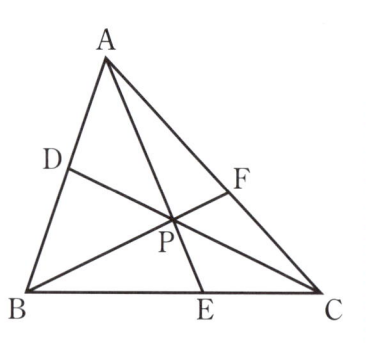

解き方

(1) 三角形ABPと三角形BCPの面積の比は，AFとFCの長さの比と同じですから，4：3とわかります。
　　└知っておこう！参照

三角形ABPと三角形CAPの面積の比はBEとECの長さの比と同じですから，3：2とわかります。
これらを連比にすると下のようになります。

三角形ABP	三角形BCP	三角形CAP
4 :	3	
3	:	2
12 :	9 :	8

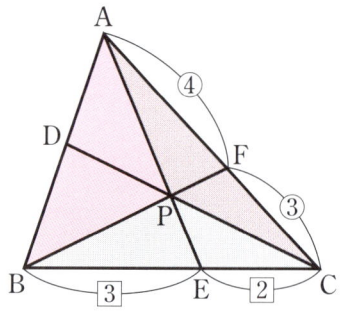

(2) AD：DBは三角形CAPと三角形BCPの面積の比と同じですから，8：9とわかります。

答え

(1) 12：9：8
(2) 8：9

知っておこう！

右の図で，三角形ABPと三角形CAPの面積の比は，$a:b$と等しい。
　（三角形ABP，三角形CAPともにAPを底辺とすると，$a:b$が高さの比になるから）

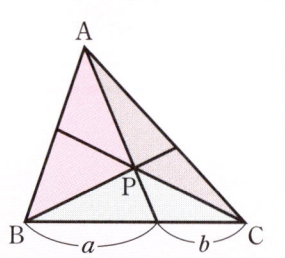

ポイントチェック

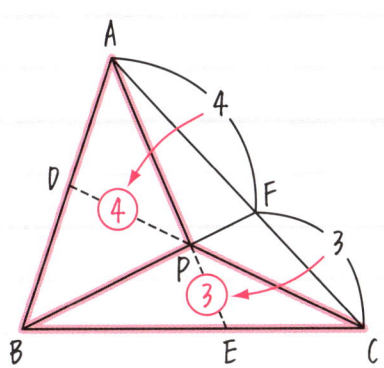 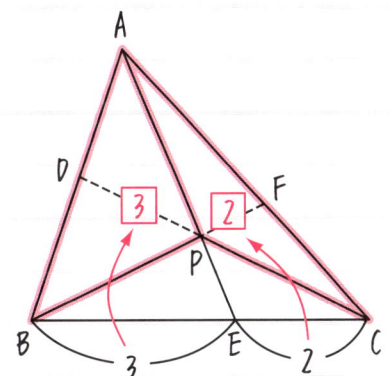

> 2つずつの三角形の面積の比を作り、これを連比にすればよい！

三角形ABP	三角形BCP	三角形CAP
4	:	3	
3		:	2
12	:	9	:	8

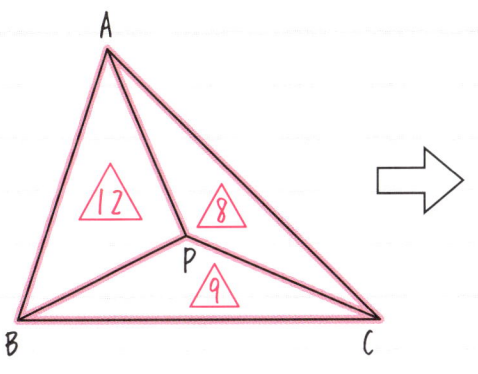 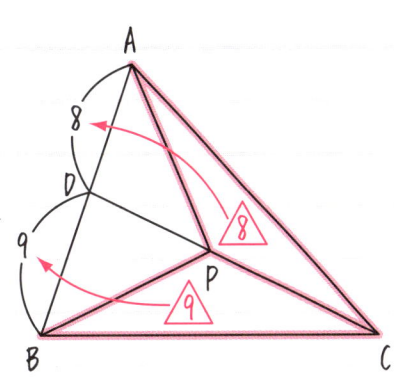

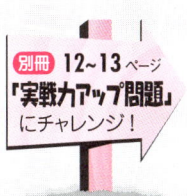

実戦力アップ問題 A 解説と答案例

11 (1) 三角形APBと三角形APCの面積の比は，BDとDCの長さの比と等しいので **5:7**

(2) AFとFBの長さの比は，三角形APCと三角形PBCの面積の比と等しくなります。
三角形PBDの面積が10cm²で，
BD:DC=5:7より三角形PDCの面積は
$$10 \times \frac{7}{5} = 14 (\text{cm}^2)$$
さらに，AP:PD=2:1より三角形APCの面積は
$$14 \times 2 = 28 (\text{cm}^2)$$
よって AF:FB=28:(10+14)=**7:6**

(3) 三角形PBDの面積が10cm²で，
AP:PD=2:1より，三角形APBの面積は
$$10 \times 2 = 20 (\text{cm}^2)$$
(2)より，AF:FB=7:6だから，三角形AFPの面積は
$$20 \times \frac{7}{7+6} = \frac{140}{13} (\text{cm}^2)$$
したがって，三角形AFPと三角形PDCの面積の比は
$$\frac{140}{13} : 14 = \textbf{10:13}$$

---

11 右の図において，
BD:DC=5:7,
AP:PD=2:1です。三角形PBDの面積が10cm²のとき，次の問いに答えなさい。
(東京・晃華学園中)

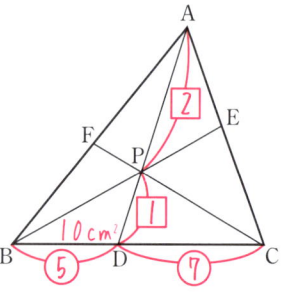

(1) 三角形APBと三角形APCの面積の比を，最も簡単な整数で表しなさい。

(2) AF:FBを，最も簡単な整数で表しなさい。

$10 \times \frac{7}{5} = 14 (\text{cm}^2)$

$14 \times 2 = 28 (\text{cm}^2)$

$28 : (10+14) = 7:6$

(3) 三角形AFPと三角形PDCの面積の比を，最も簡単な整数で表しなさい。

$10 \times 2 = 20 (\text{cm}^2)$

$20 \times \frac{7}{7+6} = \frac{140}{13} (\text{cm}^2)$

$\frac{140}{13} : 14 = 10:13$

| (1) | 5:7 | (2) | 7:6 | (3) | 10:13 |

テーマ6 三角形の高さの比と面積の比②

実戦力アップ問題 B 解説と答案例

問題 別冊 13 ページ

12 右の図の三角形 ABC において，AB を 4：3 に分ける点を D，AC を 2：5 に分ける点を E とします。CD と BE の交わる点を P とし，AP のえん長と BC との交わる点を F とします。
このとき，次の問いに答えなさい。
（神奈川・山手学院中）

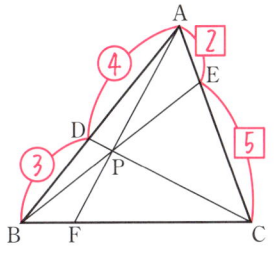

(1) （三角形 CAP の面積）と（三角形 CBP の面積）を最も簡単な整数の比で表しなさい。

(2) （BF の長さ）と（FC の長さ）を最も簡単な整数の比で表しなさい。

三角形ABP	三角形CAP	三角形CBP
2	:	5
	4 :	3
6 :	20 :	15

6：20 = 3：10

(3) （三角形 ABC の面積）と（三角形 PBC の面積）を最も簡単な整数の比で表しなさい。

(6＋20＋15)：15 = 41：15

---

12 (1) 三角形 CAP の面積と三角形 CBP の面積の比は，AD と DB の長さの比と等しいので **4：3**

(2) 三角形 ABP と三角形 CBP の面積の比は AE と EC の長さの比と等しいので 2：5
これと(1)を連比にすると，下のようになります。

三角形ABP	三角形CAP	三角形CBP
2	:	5
	4 :	3
6 :	20 :	15

BF と FC の長さの比は，三角形 ABP と三角形 CAP の面積の比と等しいので
　BF：FC = 6：20 = **3：10**

(3) (2)の連比より，三角形 ABC と三角形 PBC の面積の比は
　(6＋20＋15)：15 = **41：15**

| (1) | 4：3 | (2) | 3：10 | (3) | 41：15 |

テーマ 7 三角形の2辺の比と面積の比①

例題

右の図の三角形ABCにおいて，
　　AD：DB＝2：3
　　BE：EC＝1：2
です。これについて，次の問いに答えなさい。

(1) 三角形DBEの面積は三角形ABCの面積の何分のいくつですか。

(2) 三角形FECの面積が三角形ABCの面積の$\frac{1}{6}$になるとき，AF：FCを求めなさい。

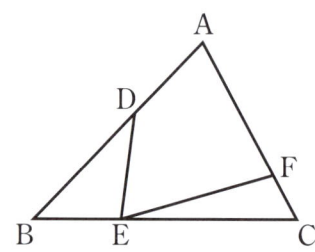

解き方

(1) 三角形DBEと三角形ABCにおいて，
　　底辺の比は　BE：BC＝1：3
　　高さの比は　DB：AB＝3：5
ですから，三角形DBEの面積は三角形ABCの面積の
$$\frac{1}{3} \times \frac{3}{5} = \frac{1}{5}$$
底辺の割合　高さの割合

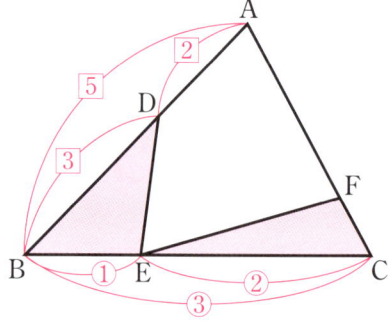

(2) 三角形FECと三角形ABCにおいて，底辺の比はEC：BC＝2：3
ですから，高さの比は
$$\frac{1}{6} \div \frac{2}{3} = \frac{1}{4}$$
面積の割合　底辺の割合

より，1：4になります。
したがって，AF：FCは
　　(4－1)：1＝3：1

(1) $\frac{1}{5}$　(2) 3：1

知っておこう！

● 三角形の面積の比
　　＝底辺の比 × 高さの比
● 三角形の面積の割合
　　＝底辺の割合 × 高さの割合

ポイントチェック

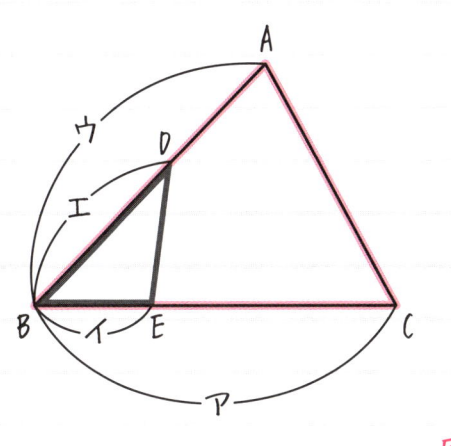

左の図で，
三角形DBEの面積は，
三角形ABCの面積の

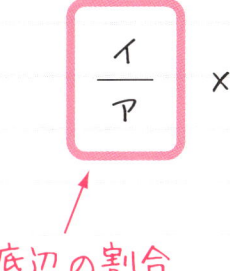

$$\frac{イ}{ア} \times \frac{エ}{ウ} \text{（倍）}$$

底辺の割合　　高さの割合

右の図で，三角形FECと
三角形ABCの
面積の比が a：b
底辺の比が c：d
高さの比が e：f
のとき

$$\frac{a}{b} \div \frac{c}{d} = \frac{e}{f}$$

面積の割合　　底辺の割合　　高さの割合

別冊 14~15ページ
「実戦力アップ問題」
にチャレンジ！

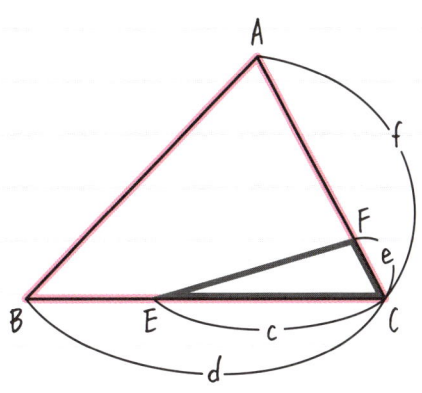

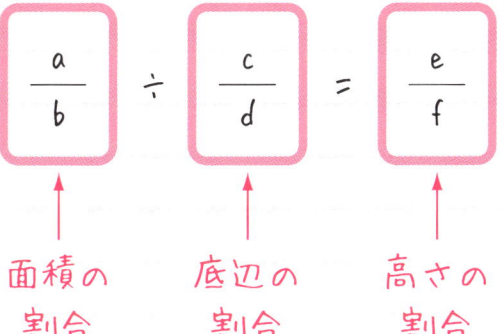

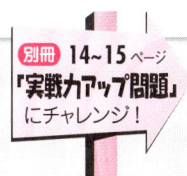

実戦力アップ問題 A 解説と答案例

13 右の図で、三角形ABCの3辺の長さは、AB＝8cm、BC＝10cm、CA＝9cmです。また、点D、Eはそれぞれ辺AB、BC上の点です。BD＝6cmのとき、次の問いに答えなさい。（東京・共栄学園中）

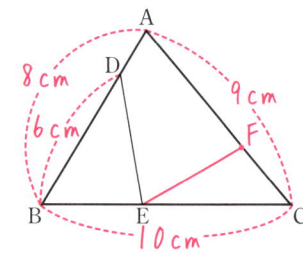

(1) 三角形DBEの面積が、三角形ABCの面積の $\frac{3}{10}$ になるには、BEの長さを何cmにすればよいですか。

$6:8=3:4$

$\frac{3}{10} \div \frac{3}{4} = \frac{2}{5}$

$10 \times \frac{2}{5} = 4(cm)$

(2) (1)のとき、辺CA上に点Fをとり、四角形ADEFの面積を三角形ABCの面積の半分にするとき、CFの長さを何cmにすればよいですか。

$\frac{1}{2} - \frac{3}{10} = \frac{1}{5}$

$(10-4):10 = 3:5$

$\frac{1}{5} \div \frac{3}{5} = \frac{1}{3}$

$9 \times \frac{1}{3} = 3(cm)$

---

13 (1) 三角形DBEと三角形ABCにおいて、高さの比は
DB：AB＝6：8＝3：4
ですから、底辺の割合は、
$\frac{3}{10} \div \frac{3}{4} = \frac{2}{5}$
よって
$BE = 10 \times \frac{2}{5} = 4(cm)$

(2) 四角形ADEFの面積が三角形ABCの面積の半分になるとき、三角形DBEの面積と三角形FECの面積の和も三角形ABCの面積の半分になります。
このとき、三角形FECの三角形ABCに対する面積の割合は
$\frac{1}{2} - \frac{3}{10} = \frac{1}{5}$
また、EC：BC＝(10－4)：10＝3：5より、
底辺の割合は $\frac{3}{5}$ ですから、高さの割合は
$\frac{1}{5} \div \frac{3}{5} = \frac{1}{3}$
したがって
$CF = 9 \times \frac{1}{3} = 3(cm)$

| (1) | 4cm | (2) | 3cm |

実戦力アップ問題 B 解説と答案例

14 下の図のような直角三角形において，辺 AB は 27cm，辺 AC は 12cm です。

また，㋑の面積は全体の $\frac{2}{5}$，㋒の面積は全体の $\frac{1}{5}$ です。

辺 BD：辺 DC＝3：2 のとき，㋐の面積は何 cm² ですか。

（東京・筑波大附中）

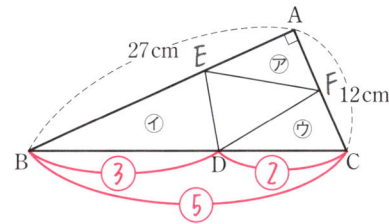

$\frac{2}{5} \div \frac{3}{5} = \frac{2}{3}$

$27 \times \left(1 - \frac{2}{3}\right) = 9 \text{ (cm)}$

$\frac{1}{5} \div \frac{2}{5} = \frac{1}{2}$

$12 \times \left(1 - \frac{1}{2}\right) = 6 \text{ (cm)}$

$9 \times 6 \div 2 = 27 \text{ (cm}^2\text{)}$

27 cm²

---

14 ㋑と三角形 ABC の底辺の比は，

$3:(3+2)=3:5$ ですから，

高さの割合は

$\frac{2}{5} \div \frac{3}{5} = \frac{2}{3}$

よって

$AE = 27 \times \left(1 - \frac{2}{3}\right) = 9 \text{ (cm)}$

㋒と三角形 ABC の底辺の比は，

$2:(3+2)=2:5$ ですから，

高さの割合は

$\frac{1}{5} \div \frac{2}{5} = \frac{1}{2}$

よって

$AF = 12 \times \left(1 - \frac{1}{2}\right) = 6 \text{ (cm)}$

したがって，㋐の面積は

$AE \times AF \div 2 = 9 \times 6 \div 2 = \mathbf{27} \text{ (cm}^2\text{)}$

テーマ 8　三角形の2辺の比と面積の比②

例題

右の図において，
　　DA：AB＝2：1
　　EB：BC＝1：1
　　AC：CF＝1：1
です。三角形ABCの面積が6cm²のとき，三角形DEFの面積は何cm²ですか。

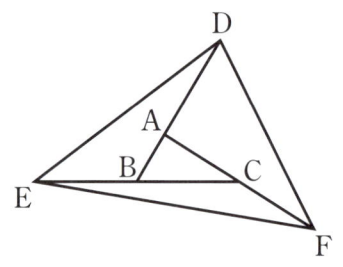

解き方

右の図の三角形DEBと三角形ABCにおいて，
　底辺の比は　　EB：BC＝1：1
　高さの比は　　DB：AB＝3：1
ですから，三角形DEBと三角形ABCの面積の比は
　　(1×3)：(1×1)＝3：1
　　　└→知っておこう！参照

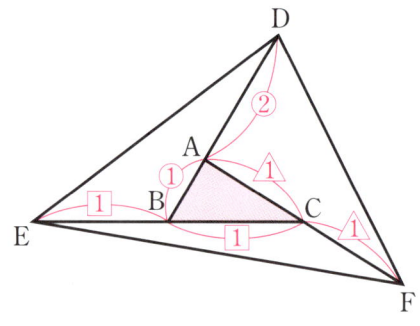

同じようにして考えると，
三角形EFCと三角形ABCの面積の比は
　　(1×2)：(1×1)＝2：1
三角形DAFと三角形ABCの面積の比は
　　(2×2)：(1×1)＝4：1
よって，三角形DEFの面積は三角形ABCの面積の
　　3＋2＋4＋1＝10（倍）
ですから，三角形DEFの面積は
　　6×10＝**60**（**cm²**）

答え

60cm²

知っておこう！

●となり合う三角形の面積の比

上の図で，三角形ABCと三角形DCEの底辺の比を，ア：イとすると
高さの比は　ウ：エ
面積の比は　（ア×ウ）：（イ×エ）

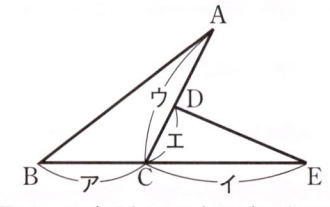

ポイントチェック

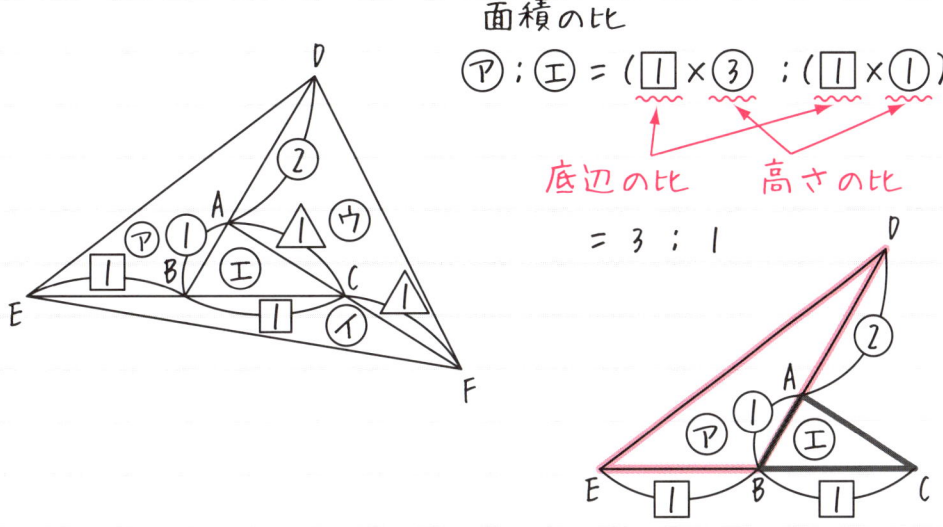

面積の比
ア:エ = (□×③) : (□×①)
　　　　底辺の比　高さの比
= 3 : 1

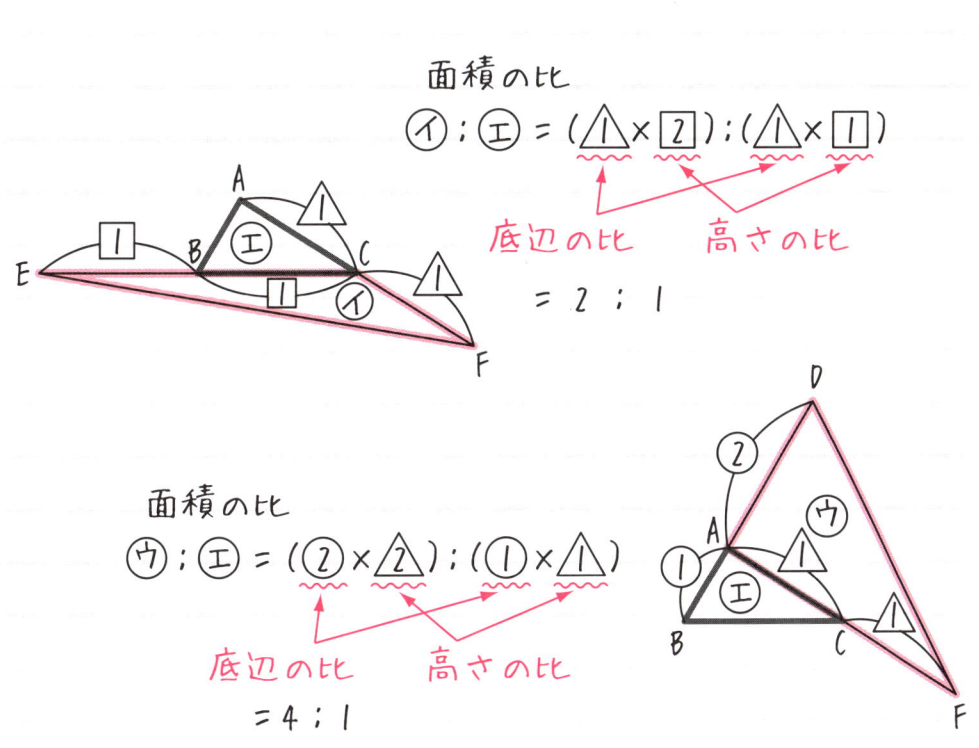

面積の比
イ:エ = (△×②) : (△×□)
　　　　底辺の比　高さの比
= 2 : 1

面積の比
ウ:エ = (②×△) : (①×△)
　　　　底辺の比　高さの比
= 4 : 1

15 三角形DEBと三角形ABCにおいて，
　　底辺の比は　EB：BC＝1：1
　　高さの比は　DB：AB＝2：1
ですから，三角形DEBと三角形ABCの面積の比は
　　(1×2)：(1×1)＝2：1
になります。
同じように考えると，
三角形EFCと三角形ABCの面積の比も
　　2：1
三角形DAFと三角形ABCの面積の比も
　　2：1
になりますから，三角形DEFの面積は，三角形ABCの面積の
　　2＋2＋2＋1＝7(倍)
とわかります。
したがって，三角形ABCの面積は
　　$7×6÷2×\frac{1}{7}=3(cm^2)$

15 下の図のように，三角形ABCの3つの辺をそれぞれもとの辺の長さと同じだけえん長し，その先を結んで三角形DEFを作ったところ，辺DFの長さは6cm，辺EFの長さは7cm，角Fは90°になりました。このとき，三角形ABCの面積は□cm²です。□にあてはまる数を求めなさい。　（大阪桐蔭中）

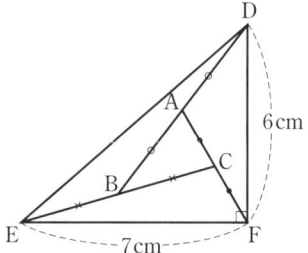

(1×2)：(1×1)＝2：1
2＋2＋2＋1＝7(倍)
$7×6÷2×\frac{1}{7}=3(cm^2)$

3

実戦力アップ問題 B 解説と答案例

16 下の図において、ADはCAの2倍、BEはABの2倍、CFはBCの3倍です。三角形ADEの面積が12cm²のとき、三角形ABCの面積は ① cm²、三角形DEFの面積は ② cm²です。①，②にあてはまる数を求めなさい。 （愛媛・愛光中）

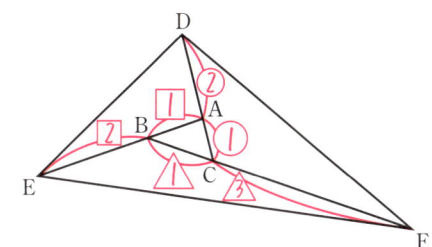

$(2×3):(1×1)=6:1$
$12×\dfrac{1}{6}=2(cm^2)$ ← ①
$(2×4):(1×1)=8:1$
$2×8=16(cm^2)$
$(3×3):(1×1)=9:1$
$2×9=18(cm^2)$
$12+16+18+2=48(cm^2)$ ← ②

16 ① 三角形ADEと三角形ABCにおいて、

底辺の比は　DA：AC＝2：1
高さの比は　AE：AB＝3：1

ですから、三角形ADEと三角形ABCの面積の比は

$(2×3):(1×1)=6:1$

になります。
したがって、三角形ABCの面積は

$12×\dfrac{1}{6}=\mathbf{2}(cm^2)$

② 同じように考えると
三角形BEFと三角形ABCの面積の比は

$(2×4):(1×1)=8:1$

より、三角形BEFの面積は

$2×8=16(cm^2)$

三角形DCFと三角形ABCの面積の比は

$(3×3):(1×1)=9:1$

より、三角形DCFの面積は

$2×9=18(cm^2)$

三角形DEFの面積は

$12+16+18+2=\mathbf{48}(cm^2)$

| ① | 2 | ② | 48 |

テーマ 9 直角三角形の相似

例題

右の図のような直角三角形 ABC について，次の問いに答えなさい。

(1) BD：DA を求めなさい。
(2) BD：DC を求めなさい。

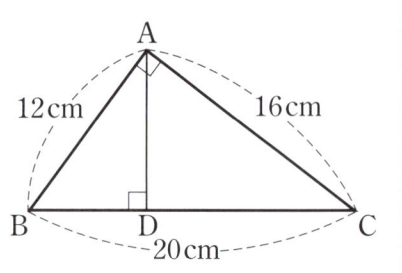

解き方

(1) 右の図の三角形 DBA と三角形 ABC において

　　角 BDA ＝ 角 BAC ＝ 90°
　　角 B は共通

ですから，三角形 DBA と三角形 ABC は相似です。
　　└─ 2組の角がそれぞれ等しいから
したがって

　　BD：DA ＝ BA：AC
　　　　　　＝ 12：16
　　　　　　＝ 3：4

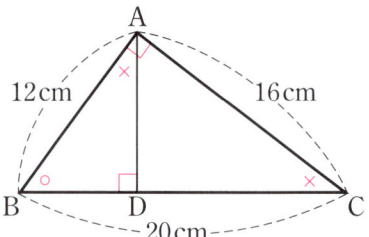

(2) (1)と同じようにして，三角形 DAC と三角形 ABC は相似ですから

　　DA：DC ＝ 3：4

これと(1)より連比を作ると

BD	DA	DC
3 :	4	
	3 :	4
9 :	12 :	16

したがって

　　BD：DC ＝ 9：16

答え (1) 3：4　(2) 9：16

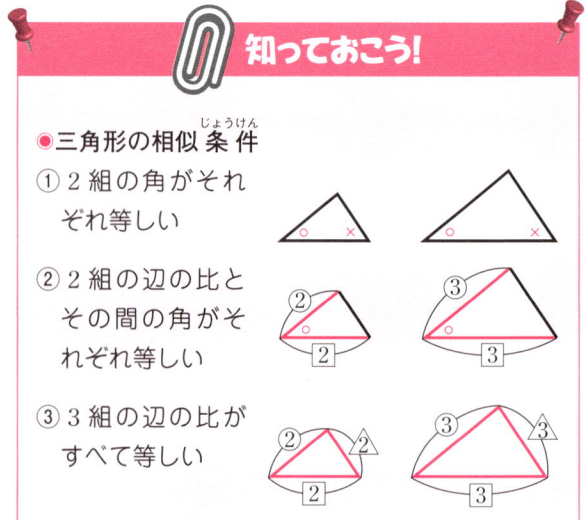

● 三角形の相似条件
① 2組の角がそれぞれ等しい
② 2組の辺の比とその間の角がそれぞれ等しい
③ 3組の辺の比がすべて等しい

ポイントチェック

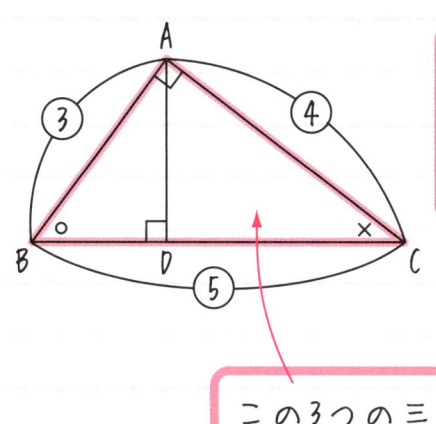

1つの三角形の3辺の比がわかれば，残り2つの三角形の3辺の比もわかる！

この3つの三角形はすべて相似！

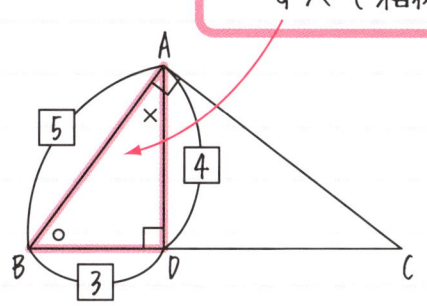

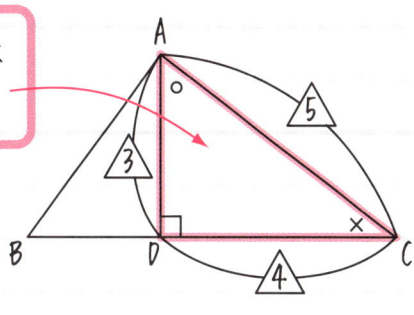

発展させよう！

右の図において，次の①～⑤の関係式が成り立ちます。

① $AB \times AC = BC \times AD$
② $BD : DC = (AB \times AB) : (AC \times AC)$
③ $BD \times DC = AD \times AD$
④ $BD \times BC = AB \times AB$
⑤ $CD \times CB = AC \times AC$

（③，④，⑤は，「アーキタスの定理」と呼ばれています。）

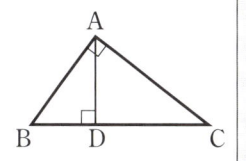

実戦力アップ問題 A 解説と答案例

17

(1) 三角形 ABC と三角形 DBA において

角 CAB ＝ 角 ADB ＝ 90°
角 B は共通

より，三角形 ABC と三角形 DBA は相似です。
9：12：15＝3：4：5 より，三角形 DBA の3辺の比も 3：4：5 とわかります。したがって

$$BD = 12 \times \frac{4}{5} = \mathbf{9.6}(cm)$$

(2) (1)と同じように考えると，

三角形 ABC と三角形 HBA は相似
三角形 ABC と三角形 HAC は相似

よって，三角形 HBA と三角形 HAC は相似になります。
したがって，直角をはさむ2辺の比は等しくなるので

BH：AH＝AH：HC
9：AH＝AH：16

内項の積 ＝ 外項の積 より

AH×AH＝9×16＝144＝12×12
AH＝**12**cm

---

17 次の問いに答えなさい。

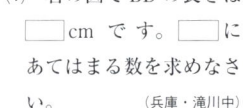

(1) 右の図で BD の長さは □ cm です。□ にあてはまる数を求めなさい。　(兵庫・滝川中)

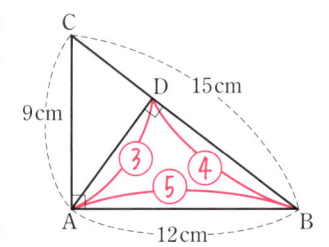

9：12：15＝3：4：5
$12 \times \frac{4}{5} = 9.6$(cm)

(2) 下の図のような，直角三角形 ABC について，辺 BC を底辺としたときの高さを AH とします。このとき，辺 AH の長さは □ cm です。□ にあてはまる数を求めなさい。　(東京・慶應中等部)

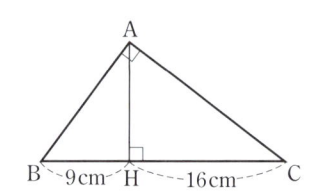

9：AH＝AH：16
AH×AH＝9×16＝144＝12×12
AH＝12cm

| (1) | 9.6 | (2) | 12 |

実戦力アップ問題 B 解説と答案例

18 右の図で、AG＝12cm、GB＝3cm、BC＝12cm、CA＝9cmです。このとき、次の問いに答えなさい。（東京・高輪中）

(1) BEの長さは何cmですか。

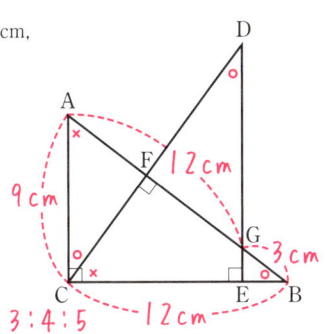

$9:12:(12+3)=3:4:5$

$3\times\dfrac{4}{5}=2.4(cm)$

(2) DGの長さは何cmですか。

$12-2.4=9.6(cm)$

$9.6\times\dfrac{4}{3}=12.8(cm)$

$3\times\dfrac{3}{5}=1.8(cm)$

$12.8-1.8=11(cm)$

(3) 四角形CEGFの面積は何cm²ですか。

$12\times\dfrac{3}{5}=7.2(cm)$

$12\times\dfrac{4}{5}=9.6(cm)$

$9.6\times7.2\div2-2.4\times1.8\div2$
$=32.4(cm^2)$

(1)	(2)	(3)
2.4cm	11cm	32.4cm²

---

18 (1) 三角形ACBと三角形GEBにおいて

角ACB＝角GEB＝90°

角Bは共通

より、三角形ACBと三角形GEBは相似です。

$9:12:(12+3)=3:4:5$

より、三角形GEBの3辺の比も3：4：5とわかります。よって

$BE=3\times\dfrac{4}{5}=\mathbf{2.4(cm)}$

(2) 図の○どうし、×どうしの角の大きさは等しくなりますから、三角形CEDも三角形ACBと相似になり、3辺の比が3：4：5とわかります。

$CE=12-2.4=9.6(cm)$

$ED=9.6\times\dfrac{4}{3}=12.8(cm)$

$GE=3\times\dfrac{3}{5}=1.8(cm)$

よって

$DG=12.8-1.8=\mathbf{11(cm)}$

(3) 三角形CFBの面積から、三角形GEBの面積をひいて求めます。

三角形CFBも三角形ACBと相似で、3辺の比が3：4：5ですから

$CF=12\times\dfrac{3}{5}=7.2(cm)$

$FB=12\times\dfrac{4}{5}=9.6(cm)$

よって、四角形CEGFの面積は

$9.6\times7.2\div2-2.4\times1.8\div2$
$=\mathbf{32.4(cm^2)}$

テーマ 10　ピラミッド型・クロス型の相似

例題

右の図の四角形 ABCD は長方形です。これについて、次の問いに答えなさい。

(1) FD の長さは何 cm ですか。
(2) 三角形 ABG の面積は何 cm² ですか。

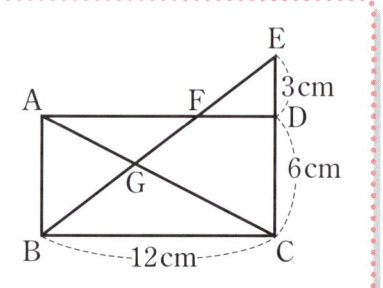

解き方

(1) 三角形 EFD と三角形 EBC は相似で、相似比は

$$ED : EC = 3 : (3+6)$$
$$= 1 : 3$$

になっていますから

$$FD : BC = 1 : 3$$

になることがわかります。

よって、FD の長さは

$$12 \times \frac{1}{3} = 4 \text{(cm)}$$

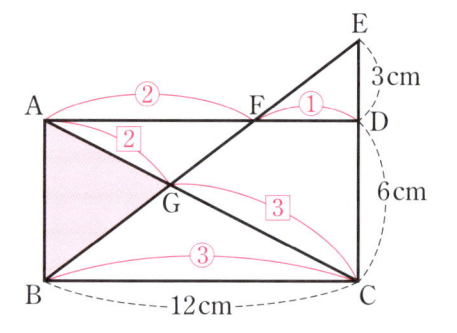

(2) 三角形 AGF と三角形 CGB は相似で、相似比は

$$AF : CB = (12-4) : 12 = 2 : 3$$

になっていますから

$$AG : GC = 2 : 3$$

になることがわかります。

三角形 ABC の面積は、

$$12 \times 6 \div 2 = 36 \text{(cm}^2\text{)}$$

ですから、三角形 ABG の面積は

$$36 \times \frac{2}{2+3} = 14.4 \text{(cm}^2\text{)}$$

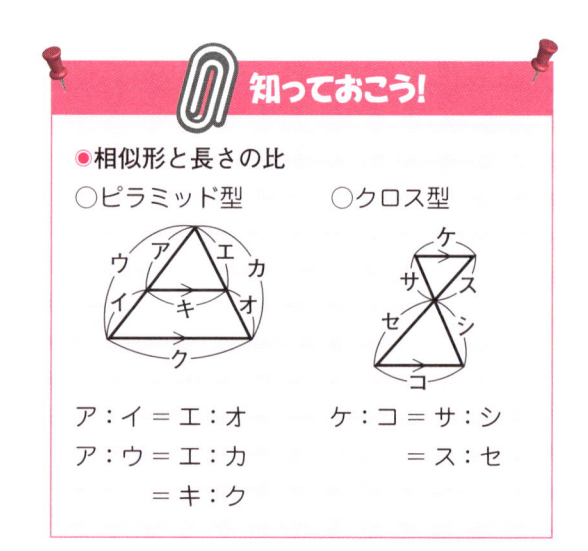

知っておこう！

●相似形と長さの比

○ピラミッド型

ア：イ＝エ：オ
ア：ウ＝エ：カ
　　　＝キ：ク

○クロス型

ケ：コ＝サ：シ
　　　＝ス：セ

答え

(1) 4cm
(2) 14.4cm²

ポイントチェック

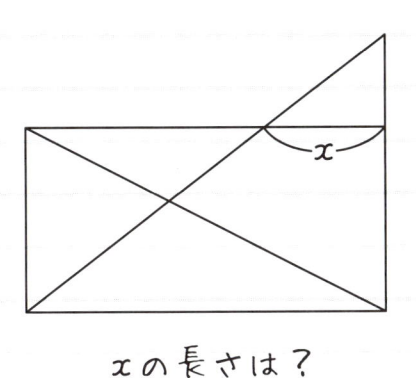

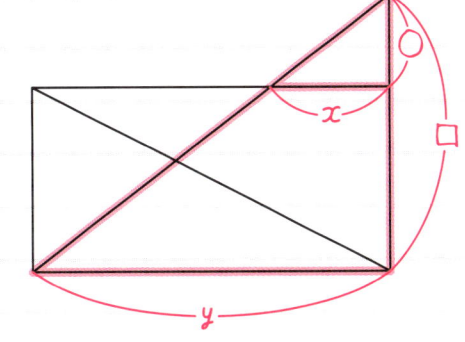

x の長さは？

⇒ ピラミッド型の相似形を利用！

$x : y = \bigcirc : \square$

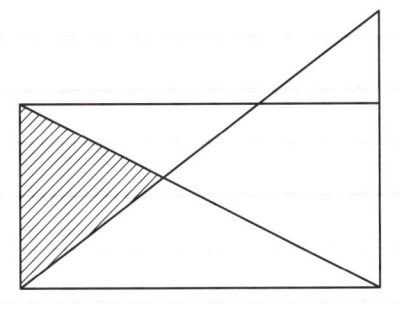

しゃ線部分の面積は？

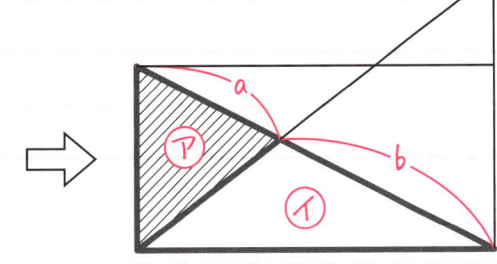

⇒ となり合う三角形との面積の比（＝底辺の比）を考える！

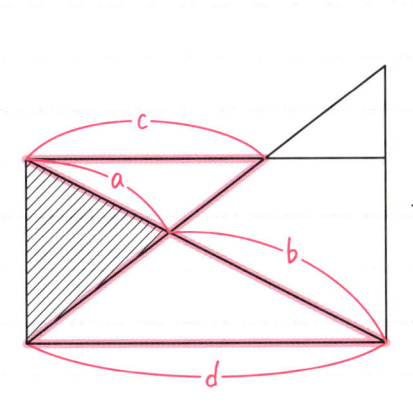

ア : イ = $a : b$

底辺の比は，クロス型の相似形の相似比から求める！

$a : b = c : d$

別冊 20〜21 ページ 「実戦力アップ問題」にチャレンジ！

実戦力アップ問題 A 解説と答案例

19 (1) 三角形 ABE と三角形 CDE は相似で，相似比は
AB：CD＝3：7
だから　AE：EC＝3：7
したがって，しゃ線部分の面積は
$$10 \times 3 \div 2 \times \frac{7}{3+7} = \mathbf{10.5} (\text{cm}^2)$$

(2) 三角形 AFD と三角形 CFE は相似で，相似比は
AD：CE＝6：3＝2：1
だから　DF：FE＝2：1
したがって，かげのついた部分の面積は
$$3 \times 4 \div 2 \times \frac{1}{2+1} = \mathbf{2} (\text{cm}^2)$$

---

19 次の問いに答えなさい。

(1) 右の図の長方形で，しゃ線部分の面積は □ cm² です。□ にあてはまる数を求めなさい。
（神奈川・桐光学園中）

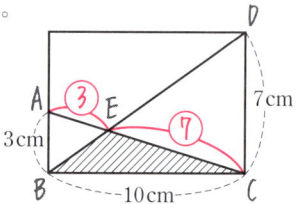

$$10 \times 3 \div 2 \times \frac{7}{3+7} = 10.5 (\text{cm}^2)$$

(2) 下の図で四角形 ABCD は平行四辺形である。このとき，かげのついた部分の面積を求めなさい。（神奈川・慶應湘南藤沢中等部）

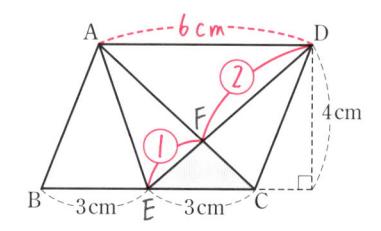

$6 : 3 = 2 : 1$

$$3 \times 4 \div 2 \times \frac{1}{2+1} = 2 (\text{cm}^2)$$

| (1) | 10.5 | (2) | 2 cm² |

テーマ10 ピラミッド型・クロス型の相似

実戦力アップ問題 B 解説と答案例

20 右の図は、たて、横の長さが10cmの正方形と底辺が10cm、高さが20cmの直角三角形を重ねたものです。しゃ線部分の面積は何cm²ですか。 （東京農大一高中等部）

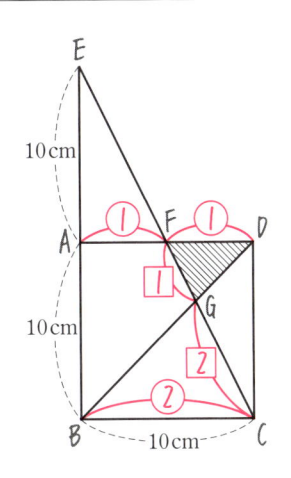

20 三角形EAFと三角形EBCは相似で、相似比は

$$EA:EB=10:(10+10)=1:2$$

だから AF:BC=1:2

三角形FGDと三角形CGBは相似で、相似比は

$$FD:CB=(2-1):2=1:2$$

だから FG:GC=1:2

$$FD=10\times\frac{1}{2}=5(cm)$$

しゃ線部分の面積は

$$5\times10\div2\times\frac{1}{1+2}=8\frac{1}{3}(cm^2)$$

$8\frac{1}{3}$ cm²

テーマ 11　三角形の中の正方形の1辺

例題

右の図のように，直角三角形ABCの3辺の上に点D，E，Fをとり，正方形DECFを作ります。この正方形の面積は何cm²ですか。

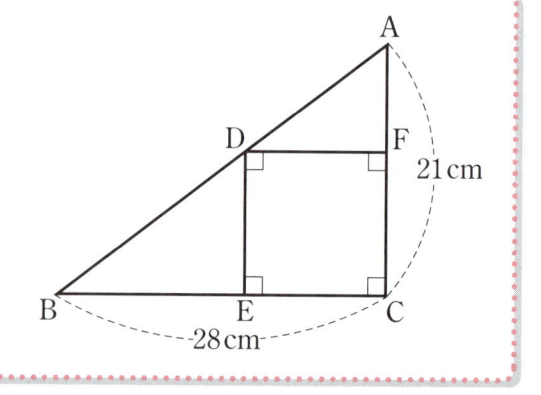

解き方

右の図で，三角形ADFと三角形ABCは相似ですから

　　AF：FD＝AC：CB
　　　　　＝21：28
　　　　　＝3：4

とわかります。

よって，AFの長さを③とすると，FC＝DF＝④となりますから，ACの長さは③＋④＝⑦と表すことができます。

したがって，この正方形の1辺の長さは

$$21 \times \frac{4}{7} = 12 \text{(cm)}$$

とわかりますから，この正方形の面積は

　　12×12＝144(**cm²**)

答え

144cm²

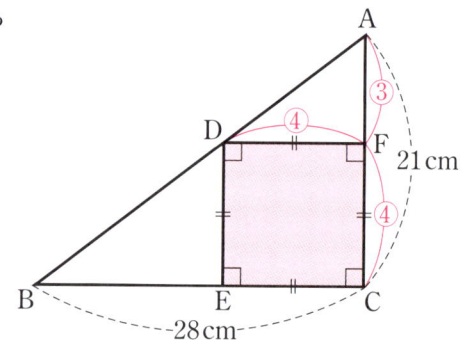

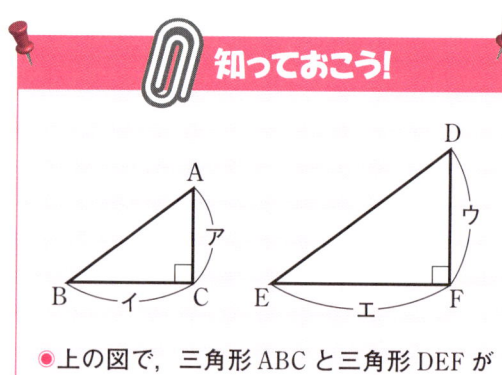

知っておこう！

●上の図で，三角形ABCと三角形DEFが相似のとき

　　ア：イ＝ウ：エ

テーマ11 三角形の中の正方形の1辺

ポイントチェック

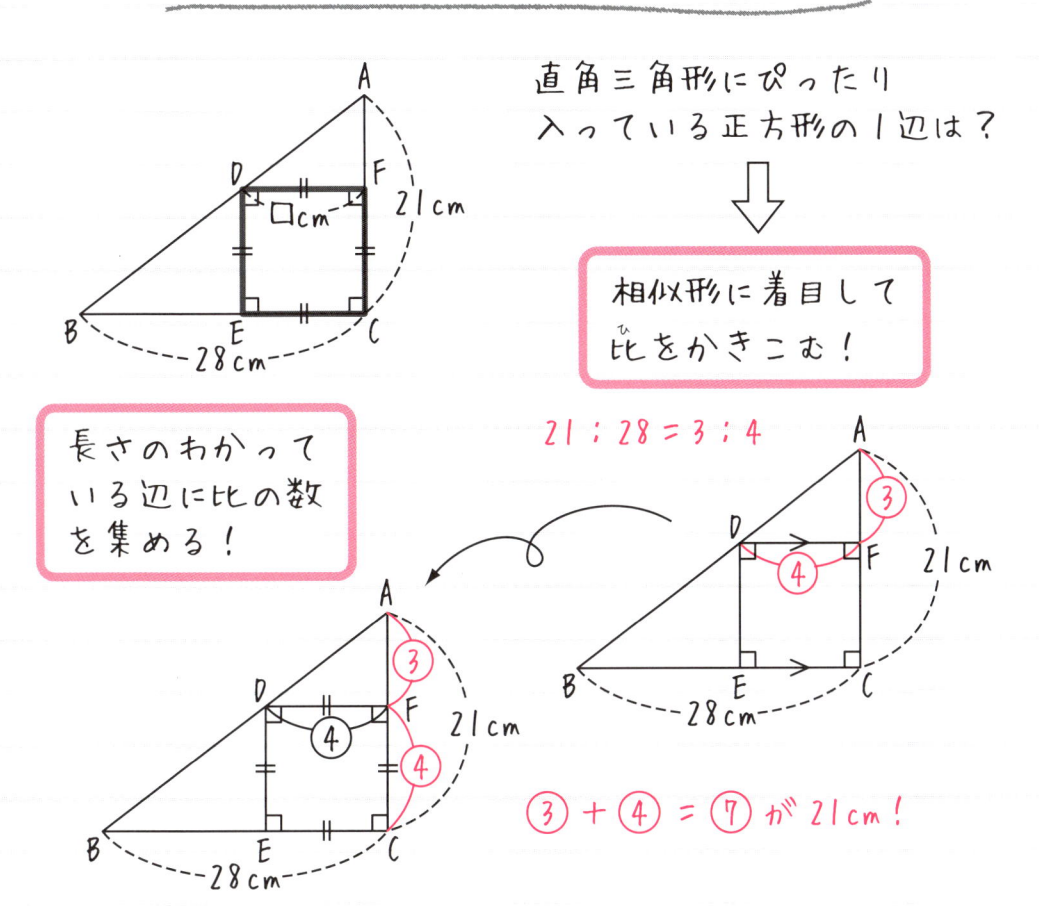

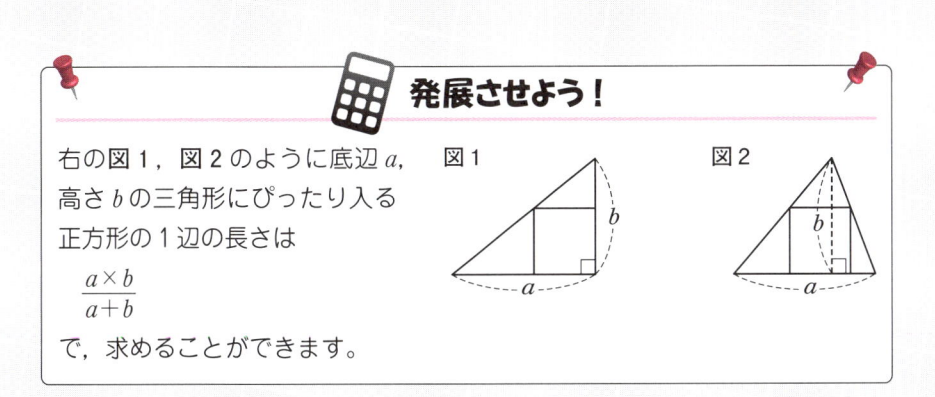

直角三角形にぴったり入っている正方形の1辺は？

⇒ 相似形に着目して比をかきこむ！

$21:28 = 3:4$

長さのわかっている辺に比の数を集める！

③ + ④ = ⑦ が 21cm！

発展させよう！

右の図1，図2のように底辺 a，高さ b の三角形にぴったり入る正方形の1辺の長さは

$$\frac{a \times b}{a+b}$$

で，求めることができます。

別冊 22〜23ページ「実戦力アップ問題」にチャレンジ！

実戦力アップ問題 A 解説と答案例

21 (1) 三角形ADFと三角形ABCは相似ですから

$$AF : DF = AC : BC$$
$$= 12 : 36$$
$$= 1 : 3$$

よって，AFの長さを①とすると

$$FC = DF = ③$$

となりますから

$$FC = 12 \times \frac{3}{1+3} = 9 \text{(cm)}$$

したがって，正方形DECFの面積は

$$9 \times 9 = \mathbf{81 \text{(cm}^2\text{)}}$$

(2) 三角形AFEと三角形ABCは相似ですから

$$AF : FE = AB : BC$$
$$= 3 : 4$$

よって，AFの長さを③とすると

$$FB = FE = ④$$

となりますから，三角形AFEと正方形BDEFの面積の比は

$$(4 \times 3 \div 2) : (4 \times 4) = \mathbf{3 : 8}$$

---

21 次の問いに答えなさい。

(1) 下の図のように直角三角形ABCの3辺の上に点D, E, Fをとり，正方形DECFを作ります。この正方形の面積は何cm²ですか。
(東京・大妻中)

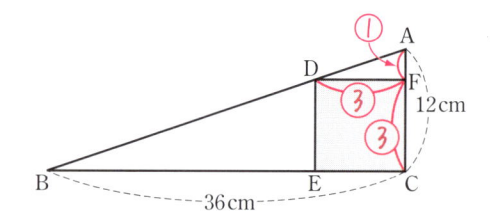

$12:36=1:3$
$12 \times \frac{3}{1+3}=9(cm)$
$9 \times 9 = 81(cm^2)$

(2) 図のように，AB＝3cm，BC＝4cmである直角三角形ABCと正方形BDEFがあります。三角形AFEの面積と正方形BDEFの面積の比をできるだけ小さな整数の比で表しなさい。
(大阪・四天王寺中)

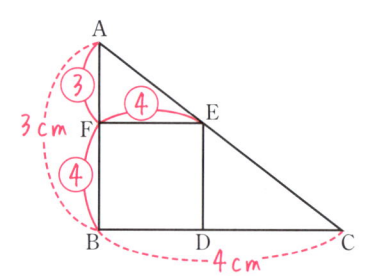

$(4 \times 3 \div 2):(4 \times 4)=3:8$

| (1) | 81cm² | (2) | 3:8 |

実戦力アップ問題 B 解説と答案例

22 右の図で, 三角形 ABC は辺 AB の長さと辺 AC の長さが等しい二等辺三角形であり, その中に正方形があります。

三角形 ABC の底辺 BC の長さは 10cm で, 高さは 15cm です。正方形の面積を求めなさい。

（埼玉・浦和明の星女子中）

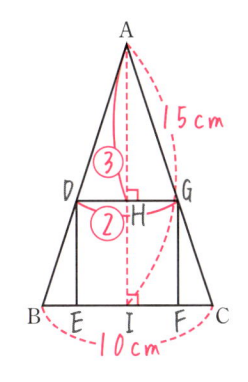

$15 : 10 = 3 : 2$

$15 \times \dfrac{2}{3+2} = 6 \text{(cm)}$

$6 \times 6 = 36 \text{(cm}^2\text{)}$

22 三角形 ADG と三角形 ABC は相似ですから, （高さ）：（底辺）は等しくなります。

$AH : DG = AI : BC$
$ = 15 : 10 = 3 : 2$

よって, AH の長さを③とすると DG＝②
HI の長さも正方形の1辺と同じですから

HI＝②

これより

AI＝AH＋HI＝③＋②＝⑤

となり, ⑤が 15cm にあたります。
したがって, 正方形の1辺は

$$15 \times \dfrac{2}{3+2} = 6 \text{(cm)}$$

正方形の面積は

$6 \times 6 = \mathbf{36 \text{(cm}^2\text{)}}$

36 cm²

テーマ 12 　正方形の折り返しと相似

例題

右の図は，正方形の紙 ABCD を点 B が点 E にくるように折ったものです。次の問いに答えなさい。

(1) 三角形 AFE と相似な三角形はどれですか。すべて答えなさい。

(2) HG の長さは何 cm ですか。

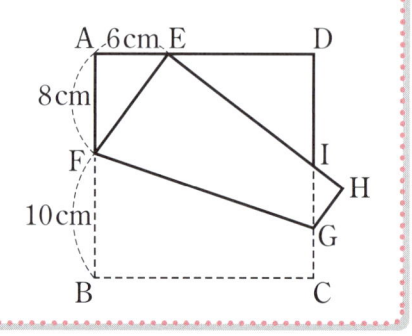

解き方

(1) 右の図で○どうし，×どうしの角度は等しくなりますから，**三角形 AFE と三角形 DEI と三角形 HGI は相似になります。**

(2) 折り返す前後を考えると，
FE＝FB＝10cm ですから
　　EA：AF：FE＝6：8：10
　　　　　　　＝3：4：5
になります。これと(1)の結果から
　　ID：DE：EI＝3：4：5
　　IH：HG：GI＝3：4：5
であることがわかります。

$$EI = 12 \times \frac{5}{4} = 15 \text{(cm)}$$

$$IH = EH - EI = (6+12) - 15 = 3 \text{(cm)}$$

$$HG = 3 \times \frac{4}{3} = 4 \text{(cm)}$$

答え

(1) 三角形 DEI，三角形 HGI

(2) 4cm

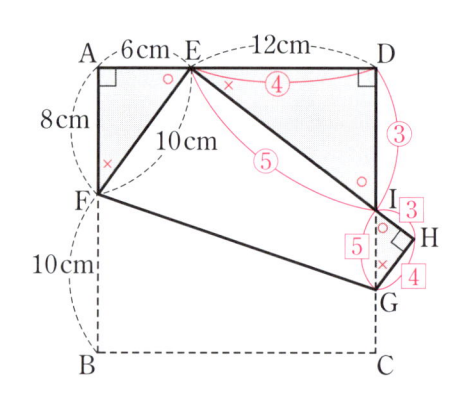

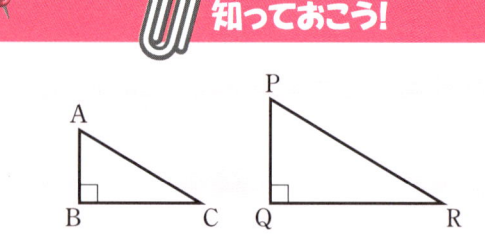

知っておこう！

三角形 ABC と三角形 PQR が相似であるとき
AB：BC：CA＝PQ：QR：RP
（一方の三角形の3辺の長さの比がわかれば，もう一方の三角形の3辺の長さの比もわかる）

ポイントチェック

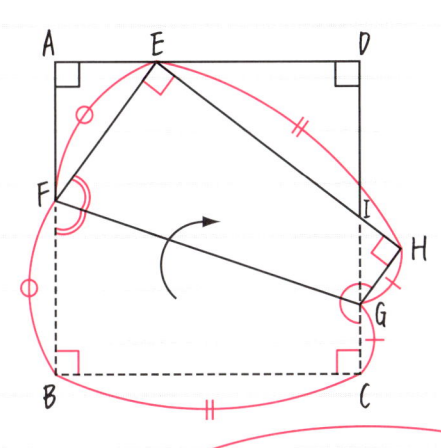

〈図形の折り返し〉
- 折り返す前と後の図形は合同
- 対応する辺の長さは等しい
- 対応する角の大きさは等しい

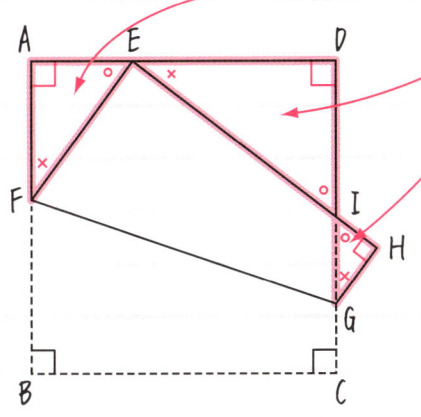

3つの三角形はすべて相似！

長方形を折り返した形には，次の2つのタイプの相似がよく現れる！

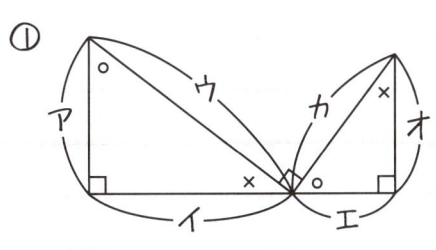

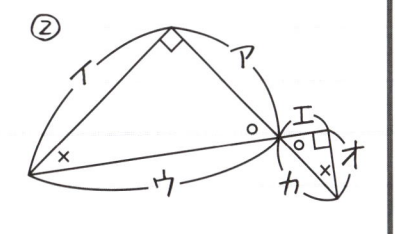

①，②ともに　ア：イ：ウ＝エ：オ：カ

別冊 24〜25ページ「実戦力アップ問題」にチャレンジ！

23

(1) 正方形ABCDの1辺の長さは，
12＋13＝25(cm) より
ED＝25－5＝**20(cm)**

(2) 三角形AFEと三角形DEIは相似ですから
DI：DE：EI＝5：12：13
EI＝20×$\frac{13}{12}$＝21$\frac{2}{3}$ (cm)
IH＝25－21$\frac{2}{3}$＝**3$\frac{1}{3}$(cm)**

(3) 三角形AFEと三角形HGIは相似ですから
IH：HG：IG＝5：12：13
HG＝3$\frac{1}{3}$×$\frac{12}{5}$＝8(cm)
したがって，四角形EFGHの面積は
(8＋13)×25÷2＝**262.5(cm²)**

---

23 図は正方形の紙ABCDを点Bが点Eにくるように折ったものです。AE，EF，FAの長さがそれぞれ5cm，13cm，12cmのとき，次の問いに答えなさい。

(奈良学園中)

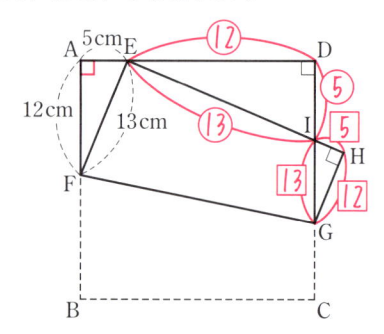

(1) EDの長さは何cmですか。

12＋13＝25(cm)
25－5＝20(cm)

(2) IHの長さは何cmですか。

20×$\frac{13}{12}$＝21$\frac{2}{3}$(cm)
25－21$\frac{2}{3}$＝3$\frac{1}{3}$(cm)

(3) 四角形EFGHの面積は何cm²ですか。

3$\frac{1}{3}$×$\frac{12}{5}$＝8(cm)
(8＋13)×25÷2＝262.5(cm²)

| (1) | 20cm | (2) | 3$\frac{1}{3}$cm | (3) | 262.5cm² |

実戦力アップ問題 B 解説と答案例

24 下の図で，四角形 ABCD は 1 辺が 9cm の正方形で，F は AF：FB＝2：1 とする辺 AB 上の点です。BE＝4cm となるところで C が F にくるように折り返したとき，しゃ線の部分の面積を求めなさい。
（東京・明治大付中野中）

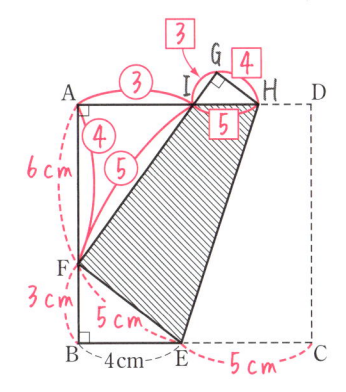

24 AB＝9cm，AF：FB＝2：1 より

$$AF = 9 \times \frac{2}{2+1} = 6 \text{(cm)}$$

$$FB = 9 - 6 = 3 \text{(cm)}$$

$$EC = 9 - 4 = 5 \text{(cm)}$$

より　FE＝5(cm)

三角形 AFI と三角形 BEF は相似ですから

$$AI : AF : FI = 3 : 4 : 5$$

$$FI = 6 \times \frac{5}{4} = 7.5 \text{(cm)}$$

$$GI = 9 - 7.5 = 1.5 \text{(cm)}$$

三角形 GHI と三角形 BEF は相似ですから

$$GI : GH : HI = 3 : 4 : 5$$

$$GH = 1.5 \times \frac{4}{3} = 2 \text{(cm)}$$

台形 GFEH の面積は

$$(2 + 5) \times 9 \div 2 = 31.5 \text{(cm}^2\text{)}$$

三角形 GHI の面積は

$$1.5 \times 2 \div 2 = 1.5 \text{(cm}^2\text{)}$$

したがって，しゃ線部分の面積は

$$31.5 - 1.5 = \mathbf{30} \text{(cm}^2\text{)}$$

答　30cm²

テーマ 13 台形の4分割

例題

右の図の台形 ABCD において、4つの三角形の面積の比、㋐：㋑：㋒：㋓を求めなさい。

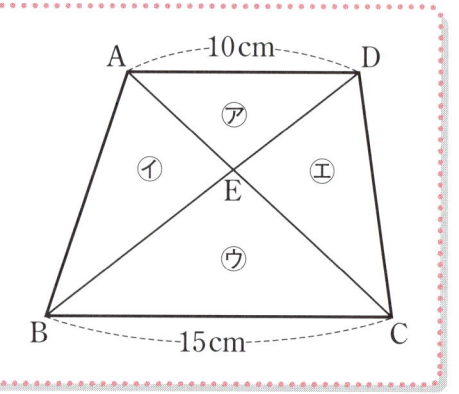

解き方

右の図で、**三角形 ADE と三角形 CBE は相似**で、相似比は
　　AD：CB＝10：15＝2：3
ですから、三角形 ADE と三角形 CBE の面積の比は
　　(2×2)：(3×3)＝4：9
　　　└─知っておこう！ 参照
です。

また、三角形 ADE と三角形 ABE、三角形 ADE と三角形 DEC の面積の比は、ともに 2：3 ですから、三角形 ADE の面積を④とすると三角形 ABE と三角形 DEC の面積はともに

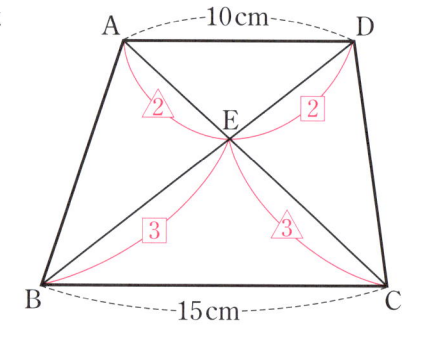

$$④ \times \frac{3}{2} = ⑥$$

となります。

したがって、求める面積の比は
　　4：6：9：6
です。

答え

4：6：9：6

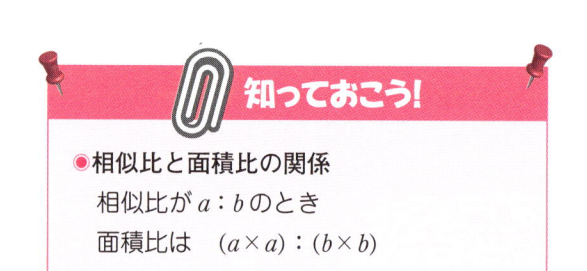

知っておこう！

● 相似比と面積比の関係
　相似比が $a:b$ のとき
　面積比は　$(a \times a):(b \times b)$

ポイントチェック

☆ 台形の4分割（ぶんかつ）

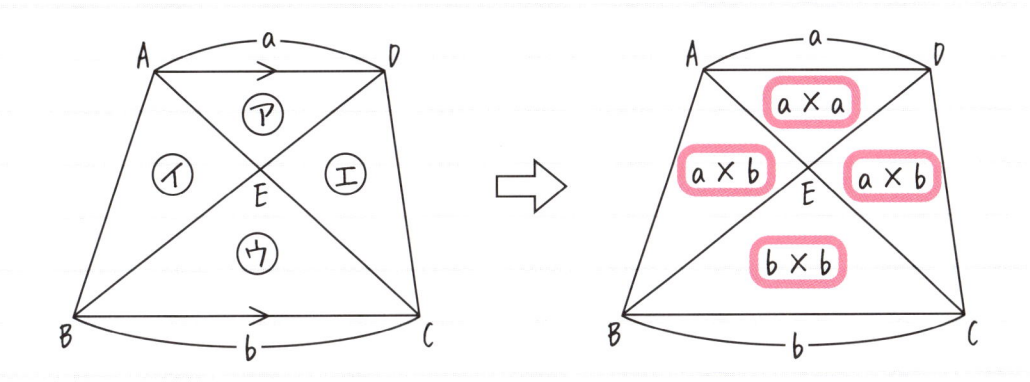

[左図：台形ABCDで対角線の交点E、領域 ア（上）、イ（左）、ウ（下）、エ（右）]
[右図：ア=a×a、イ=a×b、ウ=b×b、エ=a×b]

AD：BC = a：b のとき

面積の比　ア：イ：ウ：エ
　　　＝（a×a）：（a×b）：（b×b）：（a×b）

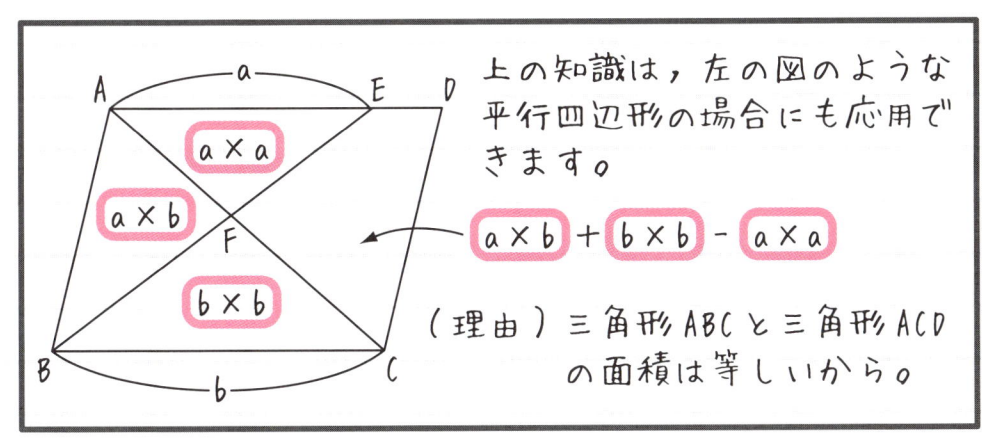

[平行四辺形ABCD、AE=a、ED部分、対角線の交点F、領域にa×a、a×b、b×b]

上の知識は、左の図のような平行四辺形の場合にも応用できます。

→ a×b ＋ b×b － a×a

（理由）三角形ABCと三角形ACDの面積は等しいから。

別冊 26～27ページ「実戦力アップ問題」にチャレンジ！

実戦力アップ問題 A　解説と答案例

25 (1) AD：BC＝9：15＝3：5 より，4つの三角形 ADE, ABE, BCE, DEC の面積の比は

$(3×3)：(3×5)：(5×5)：(3×5)$
$＝9：15：25：15$

よって，三角形 ADE と台形 ABCD の面積の比は

$9：(9+15+25+15)＝9：64$

ですから，台形 ABCD の面積は

$27 × \dfrac{64}{9} = \mathbf{192(cm^2)}$

(2) AD：EC＝18：12＝3：2 より，3つの三角形 AFD, FEC, DFC の面積の比は

$(3×3)：(2×2)：(3×2)＝9：4：6$

したがって，しゃ線部分の面積と平行四辺形の面積の比は

$(9+6-4)：\{(9+6)×2\} = \mathbf{11：30}$

---

25 次の問いに答えなさい。

(1) 右の図の台形 ABCD で，三角形 ADE の面積が 27 cm² のとき，台形 ABCD の面積を求めなさい。　(埼玉栄中)

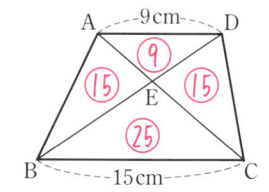

$9:15=3:5$
$(3×3):(3×5):(5×5):(3×5)$
$=9:15:25:15$
$9:(9+15+25+15)=9:64$
$27 × \dfrac{64}{9} = 192 (cm^2)$

(2) 右の図の平行四辺形 ABCD において，しゃ線部分の面積と平行四辺形 ABCD の面積の比を，最も簡単な整数の比で表しなさい。　(大阪・近畿大附中)

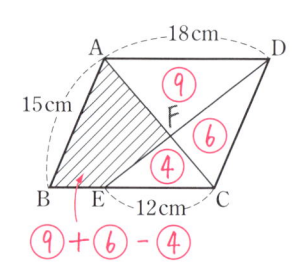

⑨＋⑥－④

$18:12=3:2$
$(3×3):(2×2):(3×2)=9:4:6$
$(9+6-4):\{(9+6)×2\}=11:30$

| (1) | 192 cm² | (2) | 11：30 |

テーマ13　台形の4分割

実戦力アップ問題 B　解説と答案例

26 右の図のように平行四辺形ABCDがあります。AF:FD=1:2となる点をF，直線CFと直線ABの交わった点をE，対角線BDと直線CFの交わった点をGとします。また，三角形FGDの面積は2 cm²です。あとの問いに答えなさい。　（東京・多摩大附聖ヶ丘中）

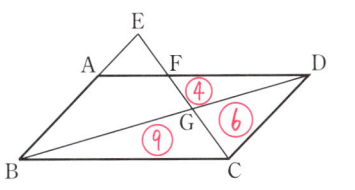

(1) 三角形GBCの面積は何cm²ですか。

$2:(1+2)=2:3$
$(2×2):(3×3)=4:9$
$2×\dfrac{9}{4}=4.5(cm^2)$

(2) EFとFGとGCの比をできるだけ簡単な整数の比で答えなさい。

EF:FC = AF:FD
　　　 = 1:2
FG:GC = 2:3
EF:FG:GC = 5:4:6

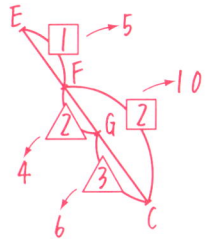

(3) 平行四辺形ABCDの面積は何cm²ですか。

$(2×2):(3×3):(2×3)=4:9:6$
$4:\{(9+6)×2\}=2:15$
$2×\dfrac{15}{2}=15(cm^2)$

| (1) | 4.5cm² | (2) | 5:4:6 | (3) | 15cm² |

26

(1)　FD:BC=FD:AD
　　　　　=2:(1+2)=2:3
より，三角形FGDと三角形GBCの面積の比は
　　$(2×2):(3×3)=4:9$
よって，三角形GBCの面積は
　　$2×\dfrac{9}{4}=\textbf{4.5}(\textbf{cm}^2)$

(2)　AF:BC=1:3より
　　EF:FC=AF:FD=1:2
　　FG:GC=FD:BC=2:3
FCの長さを2と5の最小公倍数の10とすると
　　EF:FG:GC=**5:4:6**

(3)　三角形FGDと三角形GBCと三角形DGCの面積の比は
　　$(2×2):(3×3):(2×3)=4:9:6$
したがって，三角形FGDと平行四辺形ABCDの面積の比は
　　$4:\{(9+6)×2\}=2:15$
ですから，平行四辺形ABCDの面積は
　　$2×\dfrac{15}{2}=\textbf{15}(\textbf{cm}^2)$

第2章 「補助線」をマスターしよう！

テーマ 1 2つの円が交わってできる角

> **例題**
>
> 　右の図の2つの円は，半径が同じで，たがいに中心を通っています。角 x の大きさは何度ですか。ただし，C，D，Eは一直線上にある点です。

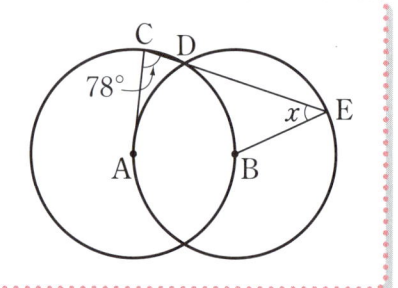

解き方

　右の図のように，AB，AD，BDをそれぞれ結ぶと，AB，AD，BDはすべて円の半径で長さが等しくなりますから，**三角形ABDは正三角形**とわかります。よって，角ADBは60°です。

　また，ACも円の半径でADと長さが等しいですから，**三角形ACDは二等辺三角形**とわかります。二等辺三角形の2つの底角は等しいですから

　　　角ADC＝角ACD＝78°

したがって，角BDEの大きさは

　　　180°－(60°＋78°)＝42°

　さらに，BEも円の半径でBDと長さが等しいですから，**三角形BDEも二等辺三角形**とわかります。したがって，角 x の大きさは，角BDEと等しく **42°** です。

答え

42度

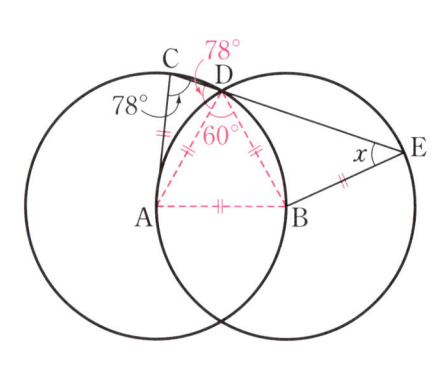

> **知っておこう!**
>
> ①円やおうぎ形の存在
> ⇩
> ②半径はどれも同じ長さ
> ⇩
> ③同じ長さの存在
> ⇩
> ④二等辺三角形や正三角形がかくれている。

ポイントチェック

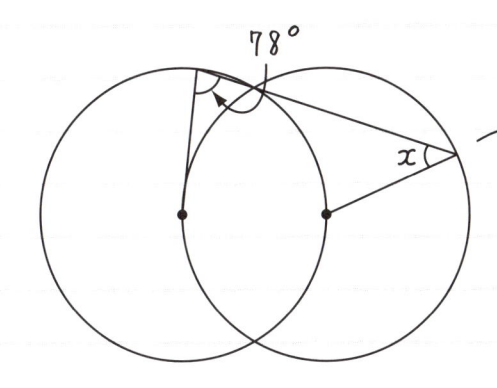

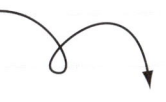

78°

角xは何度？

まず，半径を結んで正三角形を作る！

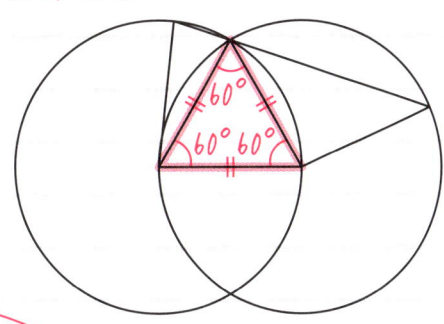

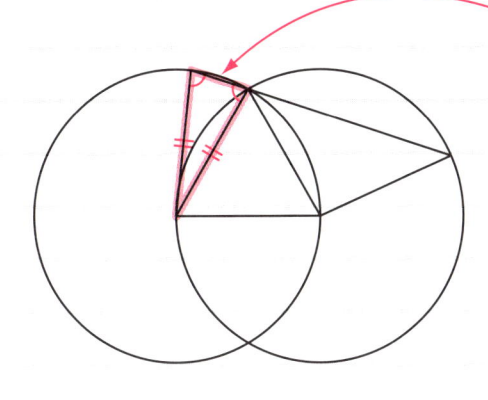

60° 60° 60°

二等辺三角形を発見！

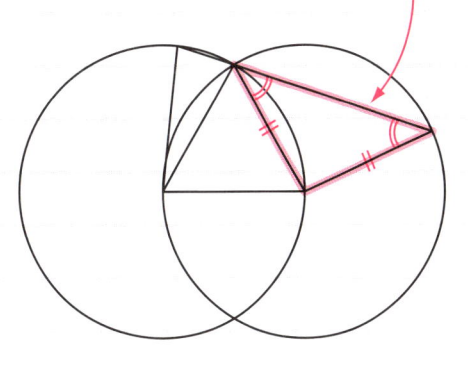

円やおうぎ形の内部にできる角度を求めるときは，かくれている正三角形や二等辺三角形をさがす！

別冊 28〜29ページ
「実戦力アップ問題」
にチャレンジ！

実戦力アップ問題 A 解説と答案例

27

(1) EB, BC, CE はすべて半円またはおうぎ形の半径で長さが等しいですから，三角形 EBC は正三角形とわかります。
よって，角 ECB＝60° より
　　角 ECD＝90°－60°＝30°
三角形 ECD は EC＝DC の二等辺三角形ですから㋐の角度は
　　(180°－30°)÷2＝**75°**
また，角 DEC＝75°，角 BEC＝60° より
　　角 AEB＝180°－(75°＋60°)＝**45°**
三角形 ABE は，AB＝EB の二等辺三角形ですから㋑の角度は，角 AEB と等しく 45° とわかります。

(2) EB, BC, CE はすべて $\frac{1}{4}$ の円の半径で長さが等しいですから，三角形 EBC は正三角形とわかります。
よって，角 EBC＝60° より
　　角 ABE＝90°－60°＝30°
三角形 ABE は，AB＝EB の二等辺三角形ですから
　　角 BAE＝(180°－30°)÷2＝75°
また，三角形 ABC は AB＝BC，角 ABC＝90° の直角二等辺三角形ですから　角 BAC＝45°
したがって　$x°$＝75°－45°＝**30°**

---

27 次の問いに答えなさい。

(1) 図のように半径が等しい半円とおうぎ形が重なっているとき，㋐と㋑の角度を求めなさい。　（大阪・清風南海中）

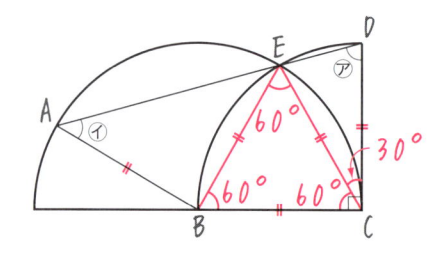

90°－60°＝30°
(180°－30°)÷2＝75° ← ㋐
180°－(75°＋60°)＝45° ← ㋑

(2) 右の図は，正方形の中に正方形の1辺を半径とする $\frac{1}{4}$ の円を2つかいたものです。図の中の $x°$ は何度ですか。（東京農大一高中学部）

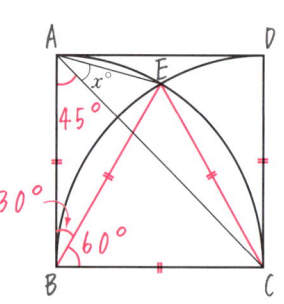

90°－60°＝30°
(180°－30°)÷2＝75°
75°－45°＝30°

| (1) | ㋐ | 75度 | ㋑ | 45度 | (2) | 30度 |

実戦力アップ問題 B 解説と答案例

問題 別冊 29 ページ

28 下の図で点 P, Q はそれぞれ円の中心です。角 a の大きさは □° です。□ にあてはまる数を求めなさい。
（兵庫・関西学院中学部）

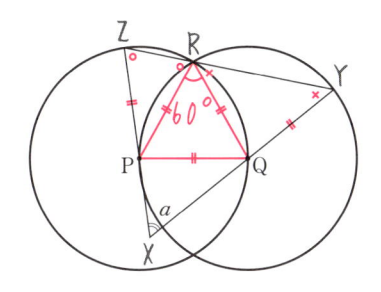

$\bigcirc + \times = 180° - 60° = 120°$
$180° - (\bigcirc + \times) = 180° - 120°$
$= 60°$

答: 60

28 PQ, QR, RP はすべて円の半径で長さが等しいですから，三角形 PQR は正三角形とわかります。
よって，角 PRQ＝60° より
　$\bigcirc + \times = 180° - 60° = 120°$
また，PR＝PZ，QR＝QY より，○どうし，×どうしの角の大きさは等しくなります。
三角形 XYZ の内角の和は 180° だから
角 a の大きさは
　$180° - (\bigcirc + \times) = 180° - 120° = \mathbf{60°}$

テーマ 2 　おうぎ形を折り返してできる角

例題

おうぎ形 OAB があり，右の図のように BC を折り目に，中心 O が弧 AB 上の点 P と重なるように折りました。このとき，角 x の大きさは何度ですか。

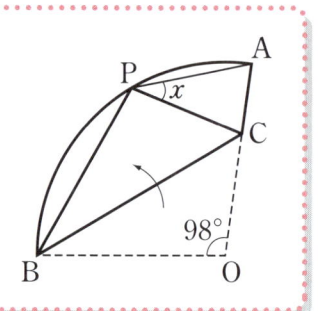

解き方

右の図で，折り返しの性質より
　　BP＝BO
また，円の半径は等しいですから
　　BO＝PO
よって，三角形 PBO は正三角形になりますから，角BOP は 60° です。
　このことから，角 POA は
　　98°−60°＝38°
　円の半径どうしで PO＝AO より
三角形 POA は二等辺三角形ですから，角 OPA は
　　(180°−38°)÷2＝71°
　ここで，折り返しの性質から
CP＝CO より，三角形 CPO は二等辺三角形ですから
　　角 CPO＝角 COP＝38°
　したがって，角 x の大きさは
　　71°−38°＝**33°**

答え

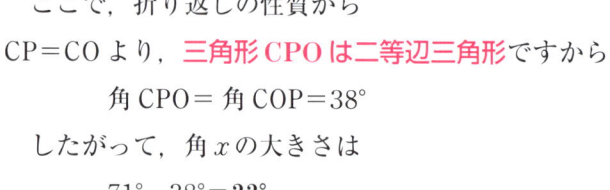

33 度

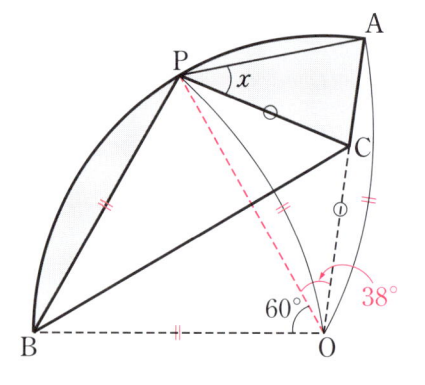

知っておこう！

●折り返しの性質
①折り返す前と後の図形は合同
②対応する辺の長さは等しい
③対応する角の大きさは等しい

ポイントチェック

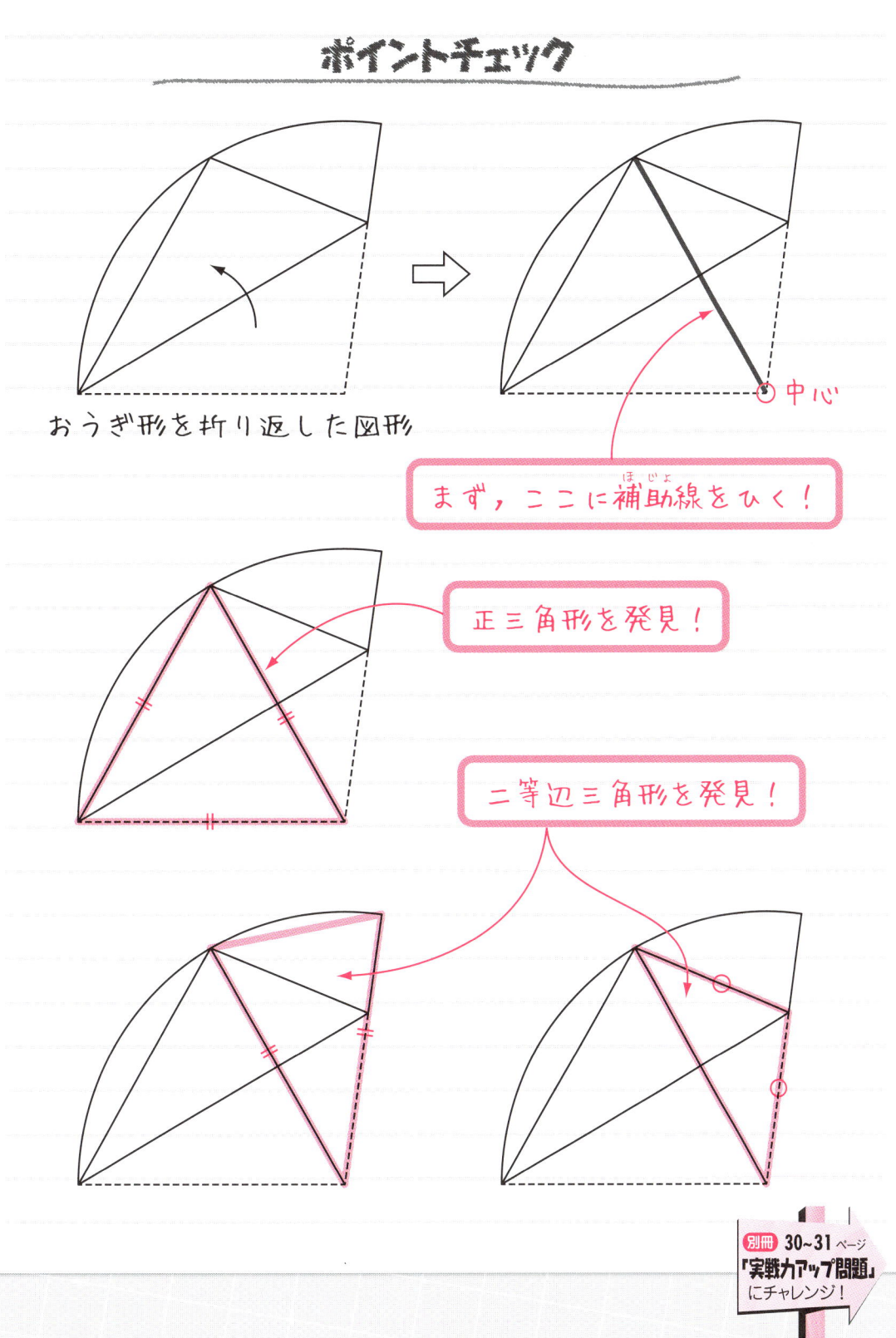

おうぎ形を折り返した図形

○ 中心

まず，ここに補助線をひく！

正三角形を発見！

二等辺三角形を発見！

別冊 30〜31ページ
『実戦力アップ問題』にチャレンジ！

実戦力アップ問題 A 解説と答案例

問題 別冊 30 ページ

[29] 折り返しの性質より，対応する辺の長さは等しいですから
　　OB＝(O)B
また，円の半径どうしは等しいですから
　　(O)O＝(O)B
よって，三角形O(O)Bは正三角形になり
角(O)BOは60°です。
折り返しの性質より，対応する角の大きさは等しいですから
　　角COB＝角C(O)B＝110°
　　角CBO＝60°÷2＝30°
したがって
　　角x＝180°－(110°＋30°)＝**40°**

[29] おうぎ形OABがあり，右の図のようにBCを折り目に，Oが弧ABに重なるように折りました。このとき，角xの大きさを求めなさい。　（獨協埼玉中）

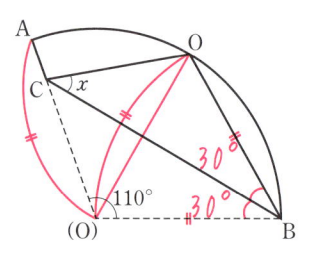

60°÷2＝30°
180°－(110°＋30°)＝40°

40度

実戦力アップ問題 B 解説と答案例

30 右の図は点Cを中心とする円の一部分を，Cが円周上の点Dに重なるように，AEを折り目として折った図です。
（神奈川大附中）

(1) 角 x の大きさは何度ですか。

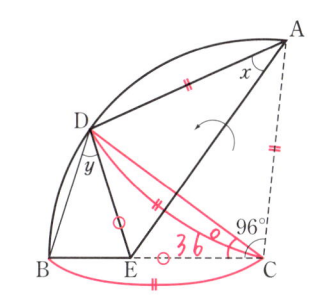

$60° \div 2 = 30°$

(2) 角 y の大きさは何度ですか。

$96° - 60° = 36°$
$(180° - 36°) \div 2 = 72°$
$72° - 36° = 36°$

30 (1) 折り返しの性質より，対応する辺の長さは等しいですから
　　AD＝AC
また，円の半径どうしは等しいですから
　　DC＝AC
よって，三角形ADCは正三角形になり角DACは60°です。
折り返しの性質より，対応する角の大きさは等しいですから
　　角 $x = 60° \div 2 = $ **30°**

(2) 角BCD＝角BCA－角DCA
　　　　　＝96°－60°＝36°
円の半径どうしでBC＝DCより，三角形BCDは二等辺三角形になりますから
　　角BDC＝(180°－36°)÷2＝72°
ここで，折り返しの性質から，EC＝EDより，三角形ECDは二等辺三角形ですから
　　角EDC＝角ECD＝36°
したがって
　　角 $y = 72° - 36° = $ **36°**

(1)	30度	(2)	36度

テーマ 3 2つの正方形を並べてできる三角形の面積

例題

右の図のように，2つの正方形 ABCD，EFGH が辺の一部でくっついています。三角形 BGD の面積は何 cm² ですか。

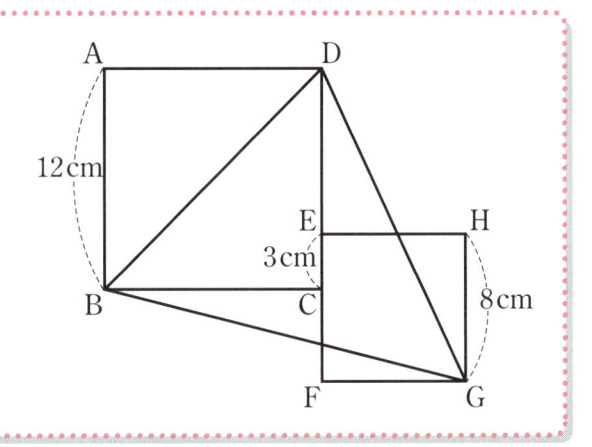

解き方

右の図のように，三角形 BGD を3つの三角形 ㋐，㋑，㋒ に分けます。

㋐の三角形の底辺を **BC** とすると，高さは **CD** になりますから，㋐の三角形の面積は

$$12 \times 12 \div 2 = 72 \,(\text{cm}^2)$$

㋑の三角形の底辺を **DC** とすると高さは **FG** になりますから，㋑の三角形の面積は

$$12 \times 8 \div 2 = 48 \,(\text{cm}^2)$$

㋒の三角形の底辺を **BC** とすると高さは **IG**（＝**CF**）になりますから㋒の三角形の面積は

$$12 \times (8-3) \div 2 = 30 \,(\text{cm}^2)$$

したがって，三角形 BGD の面積は

$$72 + 48 + 30 = \mathbf{150 \,(cm^2)}$$

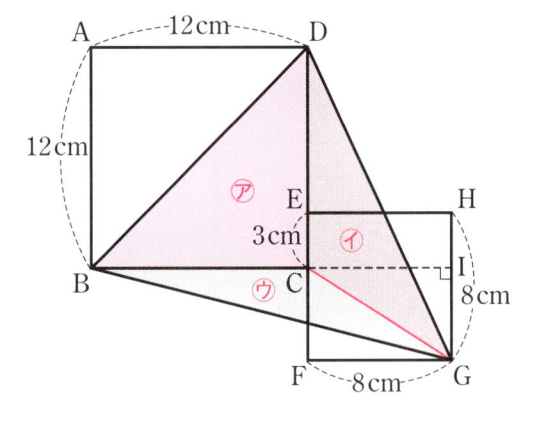

答え

150cm²

参考

右の図のように，全体を長方形で囲んで，まわりの3つの直角三角形 ABD，BPG，DGQ の面積をひいて求めることもできます。

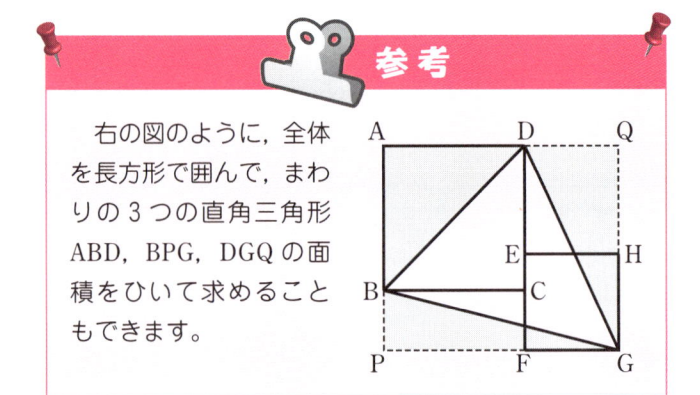

ポイントチェック

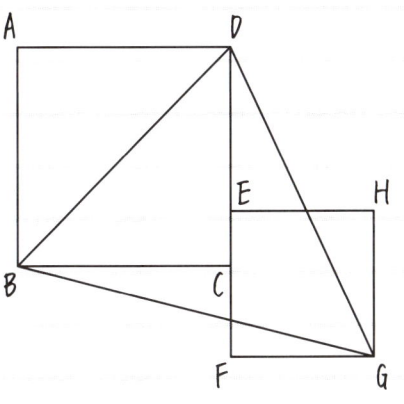

三角形BGDの面積は？

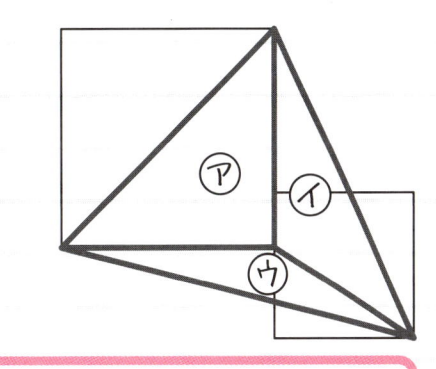

ア，イ，ウに区切って面積を合計する！

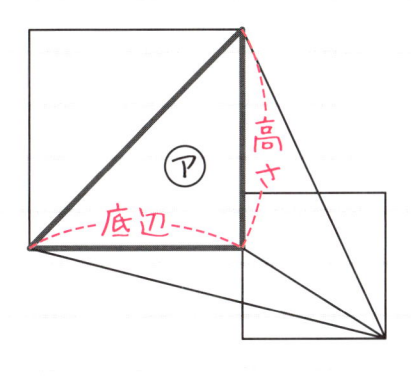

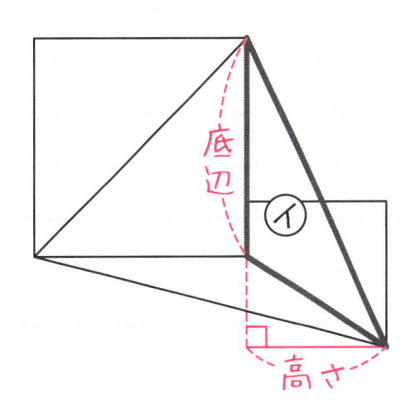

三角形の底辺と高さは垂直！

別冊 32〜33ページ
「実戦力アップ問題」にチャレンジ！

実戦力アップ問題 A　解説と答案例

問題 別冊 32 ページ

31 3つの三角形 ADC, ABD, BCD に分けて考えます。
三角形 ADC は底辺を DC とすると高さは AD になりますから，その面積は
$$8 \times 8 \div 2 = 32 (cm^2)$$
三角形 ABD は底辺を AD とすると高さは BF になりますから，その面積は
$$8 \times 7 \div 2 = 28 (cm^2)$$
三角形 BCD は底辺を DC とすると高さは BE になりますから，その面積は
$$8 \times (7-1) \div 2 = 24 (cm^2)$$
したがって，しゃ線部分の面積は
$$32 + 28 + 24 = 84 (\mathbf{cm^2})$$

31 下の図の四角形はそれぞれ1辺の長さが7cmと8cmの正方形です。しゃ線部分の面積は何 cm² ですか。

(東京・國學院大久我山中)

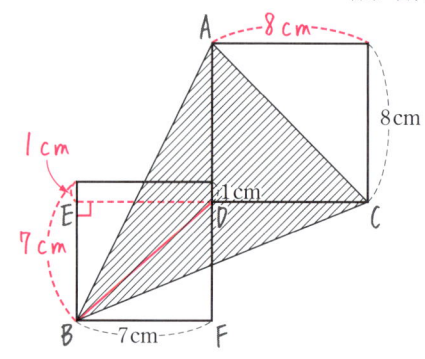

$8 \times 8 \div 2 = 32 (cm^2)$
$8 \times 7 \div 2 = 28 (cm^2)$
$8 \times (7-1) \div 2 = 24 (cm^2)$
$32 + 28 + 24 = 84 (cm^2)$

84 cm²

実戦力アップ問題 B 解説と答案例

32 1辺の長さが10cmと6cmの正方形が下の図のように辺の一部でくっついているとき，しゃ線部分の三角形の面積は □ cm² です。□ にあてはまる数を求めなさい。

(東京・江戸川女子中)

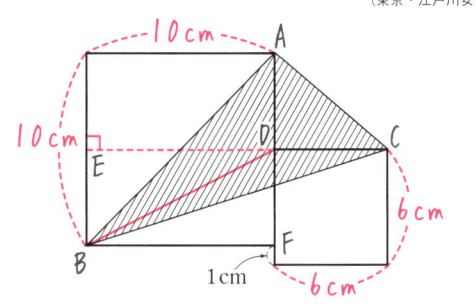

32 3つの三角形ABD，BCD，ADCに分けて考えます。

三角形ABDは底辺をADとすると高さはBFになります。

ここで

$$DF = 6 - 1 = 5 \text{(cm)}$$

より

$$AD = 10 - 5 = 5 \text{(cm)}$$

ですから，三角形ABDの面積は

$$5 \times 10 \div 2 = 25 \text{(cm}^2\text{)}$$

三角形BCDは底辺をDCとすると高さはEB(=DF)になりますから，その面積は

$$6 \times 5 \div 2 = 15 \text{(cm}^2\text{)}$$

三角形ADCは底辺をDCとすると高さはADになりますから，その面積は

$$6 \times 5 \div 2 = 15 \text{(cm}^2\text{)}$$

したがって，しゃ線部分の面積は

$$25 + 15 + 15 = \mathbf{55} \text{(cm}^2\text{)}$$

6−1＝5(cm)
10−5＝5(cm)
5×10÷2＝25(cm²)
6×5÷2＝15(cm²)
6×5÷2＝15(cm²)
25＋15＋15＝55(cm²)

55

テーマ 4　長方形の中の2つの三角形の面積の和

例題

右の図の長方形ABCDで，点E，Fは辺ADを3等分する点，点G，Hは辺BCを3等分する点です。また，長方形ABCDの内部に点Oがあり，4つの点E，F，G，Hと結びます。長方形ABCDの面積が72cm²であるとき，しゃ線部分⑦，⑦の面積の和は何cm²ですか。

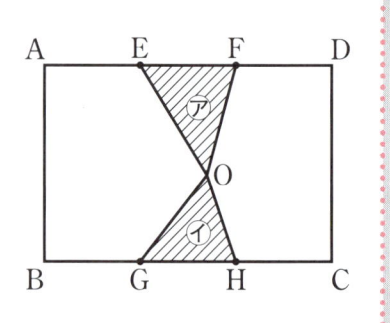

解き方

右の図のように長方形の4つの頂点A，B，C，DとOを結ぶと，三角形AODと三角形BOCの面積の和は，長方形ABCDの半分になりますから　←知っておこう！参照

$$72 \div 2 = 36 (cm^2)$$

三角形AODの面積は⑦3つ分，三角形BOCの面積は，⑦3つ分ですから，⑦と⑦の面積の和は

$$36 \div 3 = \mathbf{12(cm^2)}$$

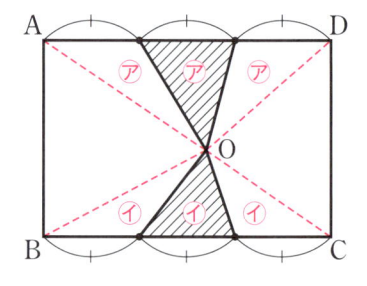

答え

12cm²

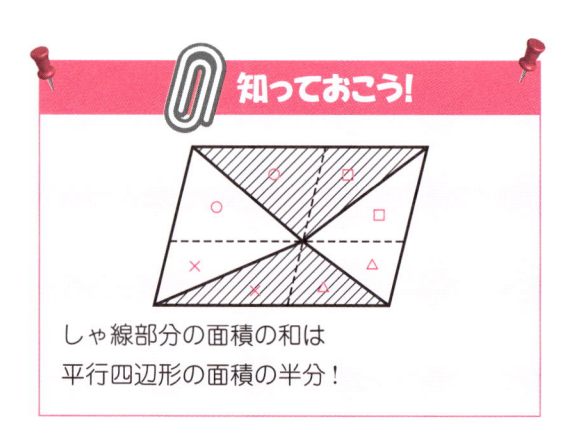

知っておこう！

しゃ線部分の面積の和は
平行四辺形の面積の半分！

ポイントチェック

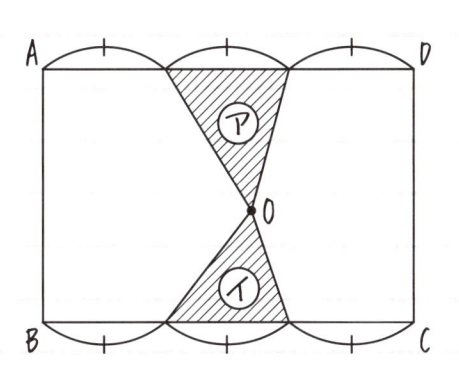

⑦と①の面積の和は？

⇩

点Oと長方形の4つの頂点A, B, C, Dをそれぞれ結ぶ。

⇩

⑦3つ分と
①3つ分の和は
長方形ABCDの
面積の半分になる！

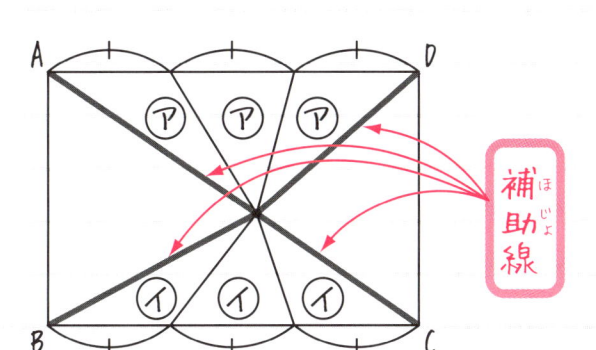

補助線

下の図の長方形や平行四辺形の面積をSとすると
どの図においても
　　しゃ線部分⑦と①の面積の和 = S ÷ 2
が成り立つ。

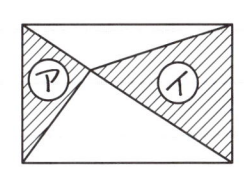

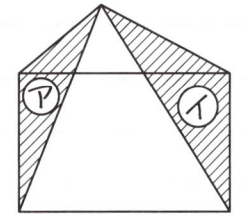

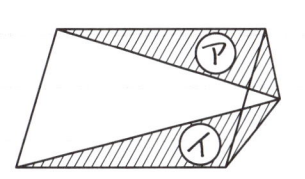

別冊 34〜35ページ
「実戦力アップ問題」
にチャレンジ！

実戦力アップ問題 A 解説と答案例

33 三角形POSと三角形OQRの面積の和は正方形PQRSの面積の半分で、㋐+㋒の面積はさらにその $\frac{1}{3}$ になります。

また、三角形PQOと三角形SORの面積の和も、正方形PQRSの面積の半分で、㋑+㋓の面積は、さらにその $\frac{1}{3}$ になります。

㋐+㋒、㋑+㋓の面積はともに正方形PQRSの面積の $\frac{1}{6}$ になるので

㋐+㋒=㋑+㋓

㋓の面積は

$5+2-4=3 \text{(cm}^2)$

33 右の図の正方形で、点A～点Hは、各辺を3等分する点です。これらの点と、正方形の中にある点Oを結んでできる三角形の面積が、㋐は5cm²、㋑は4cm²、㋒は2cm²のとき、㋓の面積は何cm²ですか。

（東京・日本大二中）

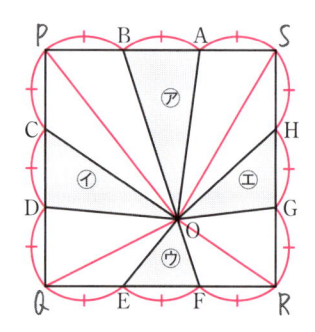

$5+2-4=3\text{(cm}^2)$

3cm^2

実戦力アップ問題 B 解説と答案例

問題 別冊 35 ページ

34 下の図は、たて6cm、横10cmの長方形です。しゃ線部分の面積を求めなさい。　(東京・駒場東邦中)

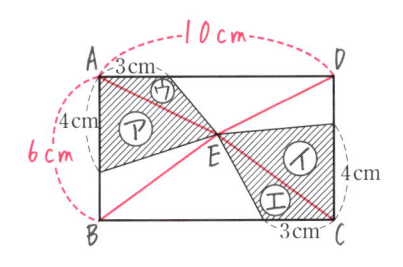

$6 \times 10 = 60 (cm^2)$

$\dfrac{4}{6} = \dfrac{2}{3}$

$60 \times \dfrac{1}{2} \times \dfrac{2}{3} = 20 (cm^2)$

$60 \times \dfrac{1}{2} \times \dfrac{3}{10} = 9 (cm^2)$

$20 + 9 = 29 (cm^2)$

29 cm²

34 長方形 ABCD の面積は
　　$6 \times 10 = 60 (cm^2)$

三角形 ABE と三角形 DEC の面積の和は、長方形 ABCD の面積の半分で、㋐+㋑の面積はさらにその

$$\dfrac{4}{6} = \dfrac{2}{3}$$

になりますから

　　㋐+㋑ $= 60 \times \dfrac{1}{2} \times \dfrac{2}{3} = 20 (cm^2)$

また、三角形 AED と三角形 EBC の面積の和も、長方形 ABCD の面積の半分で、㋒+㋓の面積はさらにその $\dfrac{3}{10}$ になりますから

　　㋒+㋓ $= 60 \times \dfrac{1}{2} \times \dfrac{3}{10} = 9 (cm^2)$

したがって、しゃ線部分の面積は
　　$20 + 9 = \mathbf{29 (cm^2)}$

テーマ 5 長方形の中の四角形の面積

例題

右の図のように，AB＝10cm，AD＝16cm の長方形 ABCD があります。四角形 PQRS の面積は何cm²ですか。

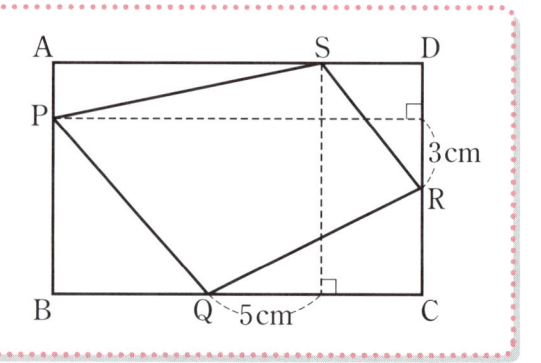

解き方

右の図のように，4点 P, Q, R, S から，長方形 ABCD の各辺に平行な直線をひき，**5つの長方形 APHS, PBQE, FQCR, SGRD, EFGH に分けます。**
長方形の面積は，1本の対角線によって2等分されますから，右の図の○どうし，×どうし，△どうし，□どうしの面積は等しくなります。

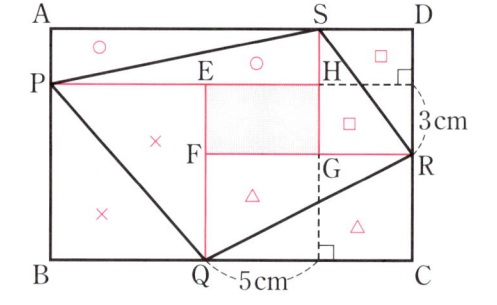

長方形 ABCD の面積は
  $10 \times 16 = 160 (cm^2)$
長方形 EFGH の面積は
  $3 \times 5 = 15 (cm^2)$
したがって，○×△□1つずつの面積の和は
  $(160 - 15) \div 2 = 72.5 (cm^2)$
ですから，四角形 PQRS の面積は
  $15 + 72.5 = \mathbf{87.5 (cm^2)}$

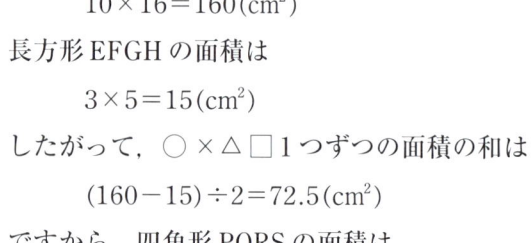

答え

$\mathbf{87.5 cm^2}$

知っておこう！

● 長方形の分割

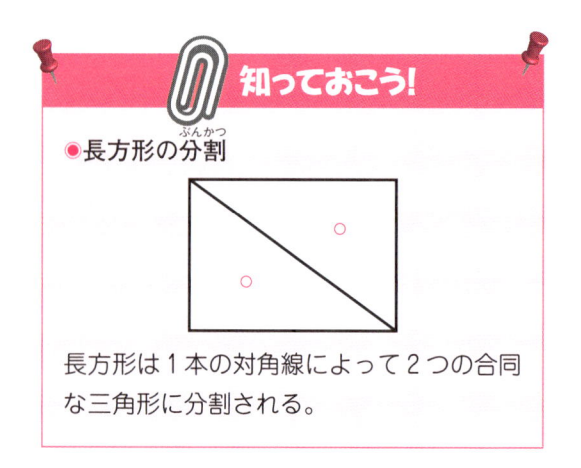

長方形は1本の対角線によって2つの合同な三角形に分割される。

ポイントチェック

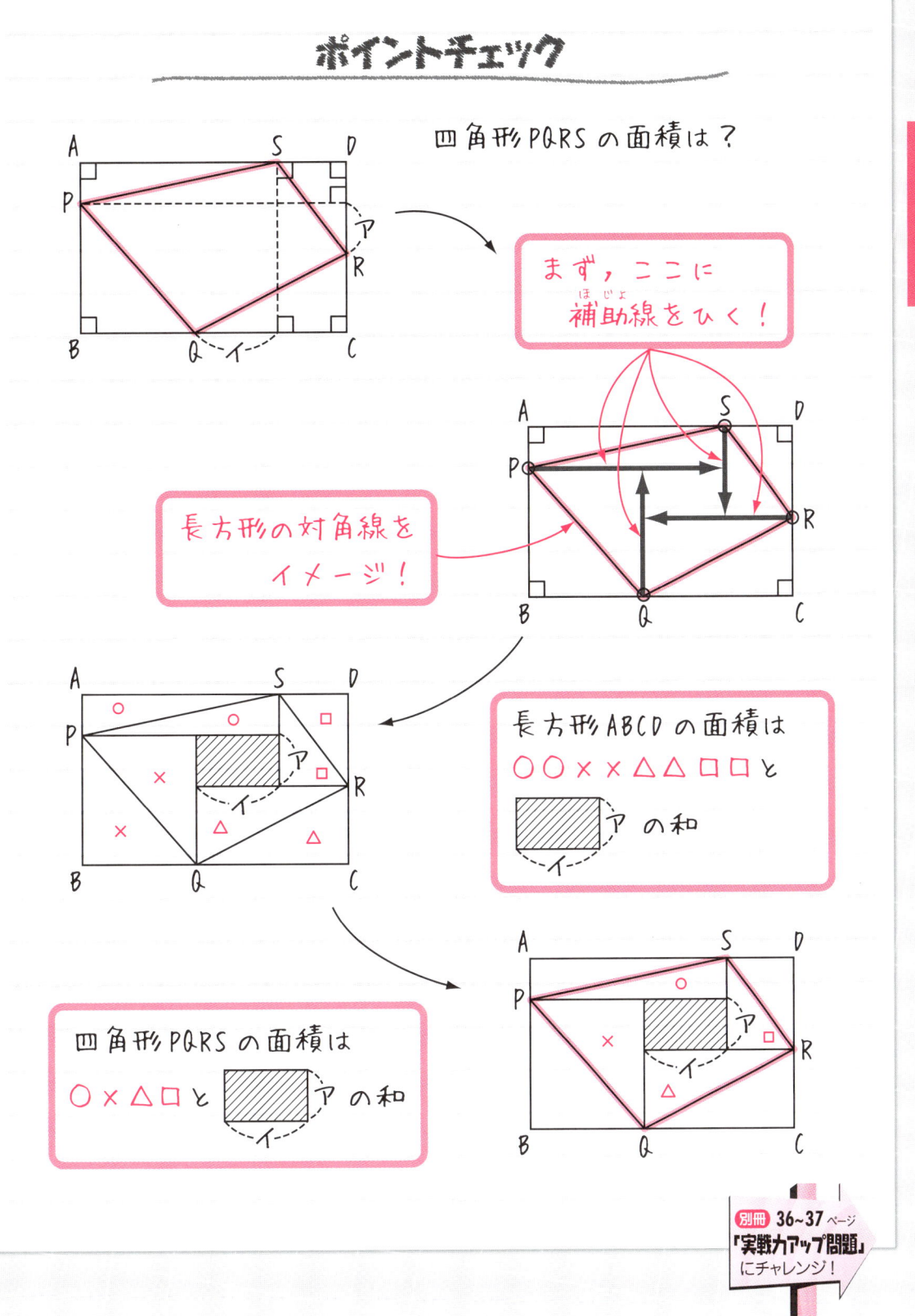

四角形PQRSの面積は？

まず、ここに補助線をひく！

長方形の対角線をイメージ！

長方形ABCDの面積は
○○××△△□□と ▨ア／イ の和

四角形PQRSの面積は
○×△□と ▨ア／イ の和

別冊 36〜37ページ
「実戦力アップ問題」にチャレンジ！

実戦力アップ問題 A 解説と答案例

問題 別冊 36 ページ

35 長方形の面積は1本の対角線によって2等分されますから，図の○どうし，×どうし，△どうし，□どうしの面積は等しくなります。

ここで，☆の長方形のたての長さは
  15－12＝3(cm)
横の長さは
  28－10＝18(cm)
ですから，その面積は
  3×18＝54(cm²)
しゃ線部分の面積は373cm²ですから，○×△□1つずつの面積の和は
  373－54＝319(cm²)
したがって，全体の長方形の面積は
  319×2＋54＝**692(cm²)**
   └─373＋319 でもよい

35 図のように長方形を区切ります。しゃ線部分の面積が373cm²のとき，長方形の面積を求めなさい。 (東京・成城学園中)

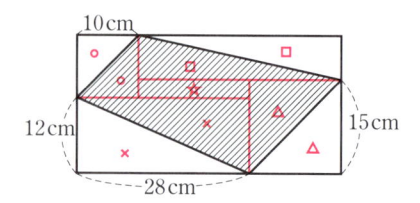

15－12＝3(cm)
28－10＝18(cm)
3×18＝54(cm²)
373－54＝319(cm²)
319×2＋54＝692(cm²)

692cm²

テーマ5 長方形の中の四角形の面積

実戦力アップ問題 B 解説と答案例

問題 別冊 37 ページ

36 下の図のように，1辺8cmの正方形の辺上に点A，B，C，Dをとる。

㋐cm＋㋑cm＝5cm
㋒cm＋㋓cm＝3cm

のとき，四角形ABCDの面積は□cm²である。□にあてはまる数を求めなさい。

（兵庫・灘中）

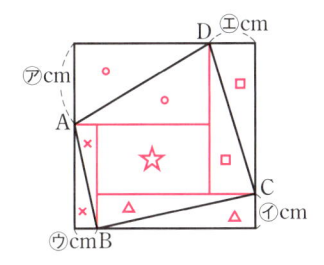

$8-5=3$(cm)
$8-3=5$(cm)
$3×5=15$(cm²)
$8×8=64$(cm²)
$(64-15)÷2=24.5$(cm²)
$24.5+15=39.5$(cm²)

39.5

---

36 長方形の面積は1本の対角線によって2等分されますから，図の○どうし，×どうし，△どうし，□どうしの面積は等しくなります。

ここで，☆の長方形のたての長さは
　　$8-5=3$(cm)
横の長さは
　　$8-3=5$(cm)
ですから，その面積は
　　$3×5=15$(cm²)
正方形全体の面積は
　　$8×8=64$(cm²)
ですから，○×△□1つずつの面積の和は
　　$(64-15)÷2=24.5$(cm²)
したがって，四角形ABCDの面積は
　　$24.5+15=\mathbf{39.5}$(cm²)

テーマ 6　正六角形の分割

例題

右の(1), (2)はともに面積が120cm²の正六角形です。

しゃ線部分の面積をそれぞれ求めなさい。ただし，(2)の3点A，B，Cは正六角形の3つの辺の真ん中の点です。

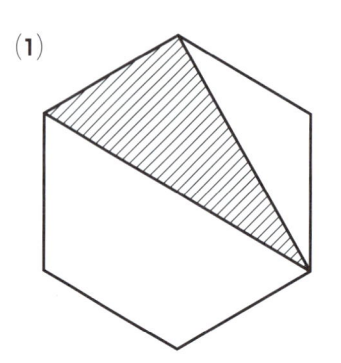

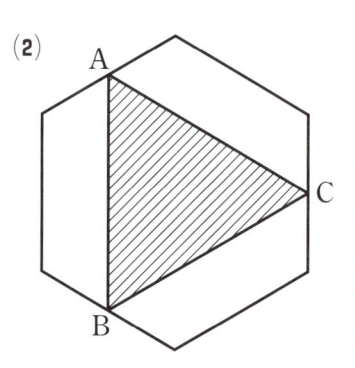

解き方

補助線をひいて，正六角形をいくつかの同じ面積の三角形に分けて考えます。

(1) しゃ線部分は右の図1のⓐの部分とⓑの部分を合わせたものになりますから，全体の面積の

$$\frac{1}{6} + \frac{1}{6} = \frac{1}{3}$$

にあたります。したがって，求める面積は

$$120 \times \frac{1}{3} = 40 \text{(cm}^2\text{)}$$

図1

(2) 右の図2のように正六角形を24個の正三角形に分けると，しゃ線部分はそのうちの9個分ですから，求める面積は

$$120 \times \frac{9}{24} = 45 \text{(cm}^2\text{)}$$

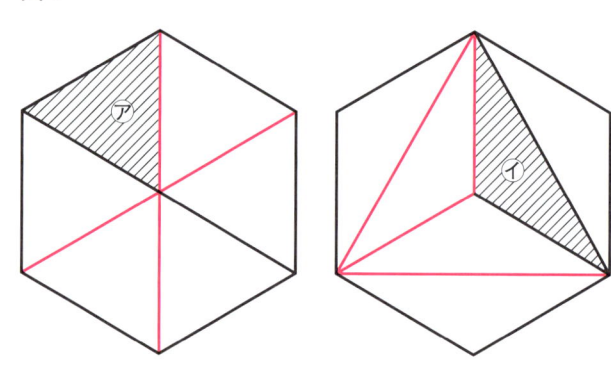

図2

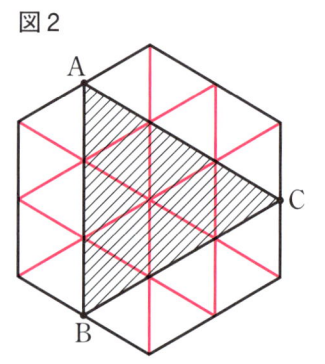

答え

(1)　40cm²　　(2)　45cm²

ポイントチェック

☆ 正六角形の分割

　正六角形はいくつかの同じ面積の三角形に分けることができます。正六角形の問題を解くのに有効な方法ですから，覚えておきましょう。

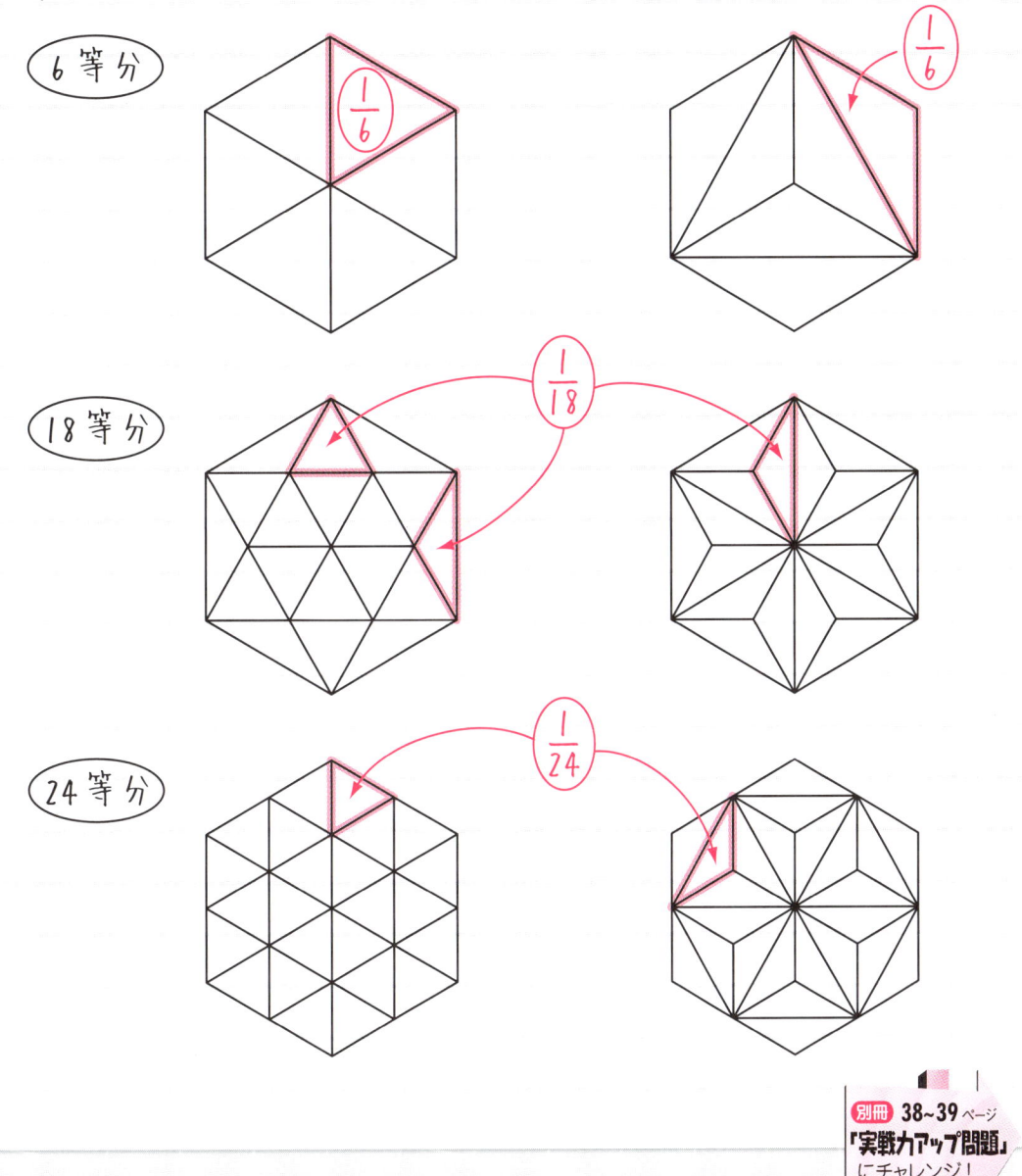

6等分 — $\frac{1}{6}$

18等分 — $\frac{1}{18}$

24等分 — $\frac{1}{24}$

別冊 38〜39ページ「実戦力アップ問題」にチャレンジ！

実戦力アップ問題 A 解説と答案例

37 図のように補助線をひくと、正六角形ABCDEFの面積は18等分されます。18等分された1つ分に○印をつけて考えると、しゃ線部分は○印をつけた部分6つ分になります。

(1) 正三角形ACEは○印9つ分ですから、その面積は
$$10 \times \frac{9}{6} = 15 \text{(cm}^2\text{)}$$

(2) 正六角形ABCDEFの面積は○印18個分ですから、その面積は
$$10 \times \frac{18}{6} = 30 \text{(cm}^2\text{)}$$

---

37 右の図のように、正六角形ABCDEFの頂点を結んで2つの正三角形を作ったところ、しゃ線部分の面積が10cm²でした。このとき次の問いに答えなさい。

（東京・田園調布学園中等部）

(1) 正三角形ACEの面積は何cm²ですか。

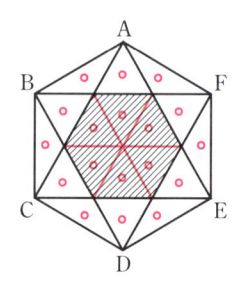

$$10 \times \frac{9}{6} = 15 (cm^2)$$

(2) 正六角形ABCDEFの面積は何cm²ですか。

$$10 \times \frac{18}{6} = 30 (cm^2)$$

(1)	15cm²	(2)	30cm²

実戦力アップ問題 B 解説と答案例

テーマ6 正六角形の分割

38 右の図の，円の内側の正六角形と外側の正六角形の面積の比を，最も簡単な整数の比で表しなさい。
（神奈川大附中）

図1

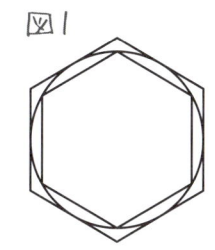

$18:24 = 3:4$

図3

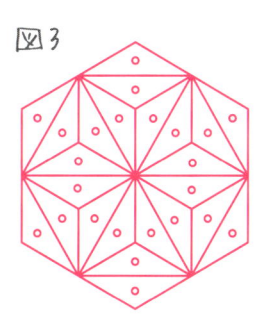

38 図1の内側の正六角形を30°回転させると図2のようになります。さらに図3のように補助線をひくと，全体の面積を24等分することができます。24等分された1つ分に○印をつけて考えると，内側の正六角形の面積は○印18個分になりますから，内側の正六角形と外側の正六角形の面積の比は

$18:24 = 3:4$

とわかります。

図2

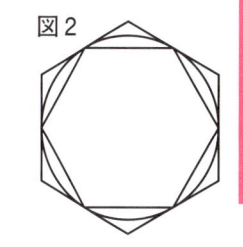

3 : 4

テーマ 7 三角形の内接円の半径

例題

右の図のような直角三角形 ABC の内側にきっちり入った円があります。この円の半径を求めなさい。

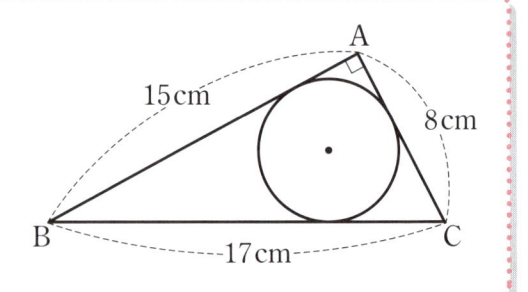

解き方

右の図のように，**円の中心 O と三角形 ABC の 3 つの頂点 A，B，C を結んで，3 つの三角形に分けて考え**ます。

円の半径を □ cm とすると，三角形 ABC の面積は

$$15 \times □ \div 2 + 17 \times □ \div 2 + 8 \times □ \div 2$$
　三角形 OAB　　三角形 OBC　　三角形 OCA

$$= (15 + 17 + 8) \times □ \div 2$$

$$= 20 \times □$$

と表すことができます。

また，三角形 ABC の面積は

$$8 \times 15 \div 2 = 60 (cm^2)$$

ですから，20 × □ = 60 より，□ は

$$60 \div 20 = 3 (cm)$$

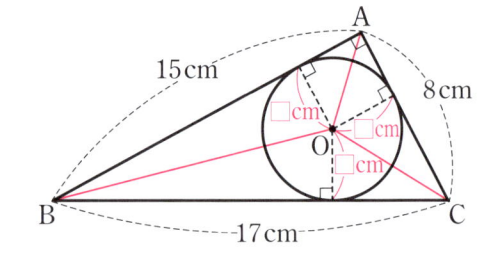

答え

3cm

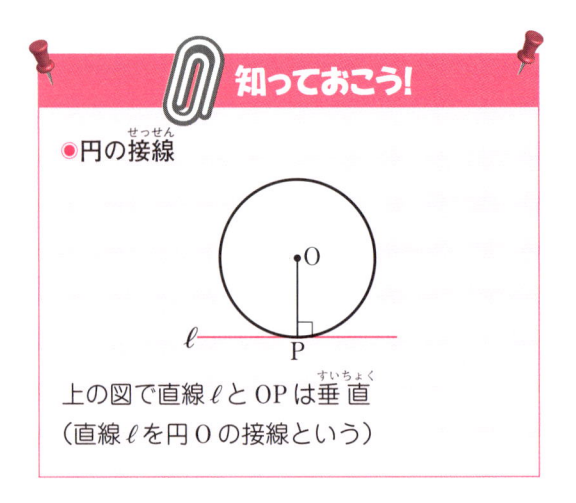

知っておこう！

● 円の接線

上の図で直線 ℓ と OP は垂直
（直線 ℓ を円 O の接線という）

ポイントチェック

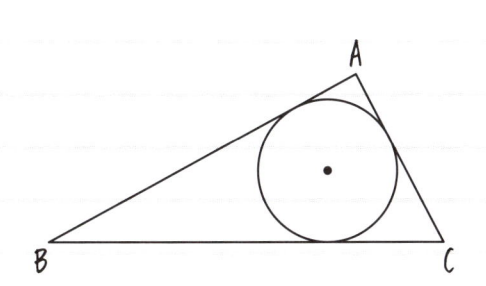

三角形ABCの3辺の長さと面積がわかるとき，三角形ABCの内側にぴったり入っている円の半径は？

⇩

円の中心Oと三角形の3つの頂点A，B，Cを結ぶ！

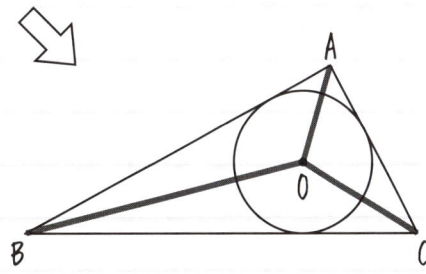

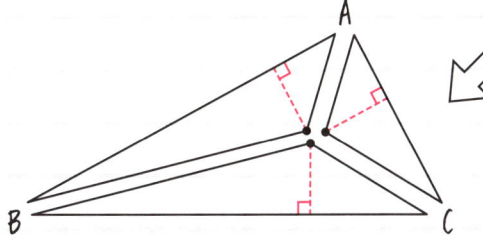

⇩

高さが等しい3つの三角形に分けて考える！

発展させよう！

上のことがらをまとめると，右の図において，三角形の内側にぴったり入っている円の半径は

　　三角形の面積 ×2÷(ア＋イ＋ウ)
　　　　　　　　　　↑三角形のまわりの長さ

で求められることがわかります。

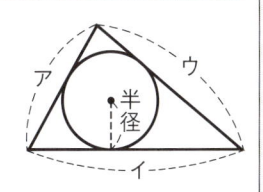

別冊 40〜41ページ 「実戦力アップ問題」にチャレンジ！

実戦力アップ問題 A 解説と答案例

問題 別冊 40 ページ

39

(1) 図のように，円の中心と三角形 ABC の 3 つの頂点 A，B，C を結んで，3 つの三角形に分けて考えます。

円の半径を □ cm とすると，三角形 ABC の面積は

$$13×□÷2+14×□÷2+15×□÷2$$
$$=(13+14+15)×□÷2$$
$$=21×□$$

と表すことができます。これが 84cm² になりますから

$$21×□=84$$

より

$$□=4 \text{(cm)}$$

(2) 図のように，円の中心と三角形 ABC の 3 つの頂点 A，B，C を結んで 3 つの三角形に分けて考えます。

円の半径を □ cm とすると，三角形 ABC の面積は

$$6×□÷2+8×□÷2+10×□÷2$$
$$=(6+8+10)×□÷2$$
$$=12×□$$

と表すことができます。これが，$8×6÷2=24\text{(cm}^2)$ になりますから

$$12×□=24$$

より

$$□=2\text{(cm)}$$

---

39 次の問いに答えなさい。

(1) 図のように 3 辺の長さが 13cm，14cm，15cm で面積が 84cm² の三角形にちょうど納まっている円の半径は □ cm です。□ にあてはまる数を求めなさい。

（兵庫・関西学院中学部）

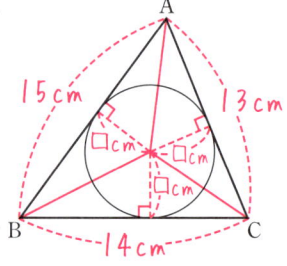

$$13×□÷2+14×□÷2+15×□÷2$$
$$=(13+14+15)×□÷2$$
$$=21×□$$
$$21×□=84 \qquad □=4\text{(cm)}$$

(2) 下の図は，直角三角形 ABC の中に円が 1 つ入っています。辺 AB，辺 BC，辺 AC とその円が円周上の点 D，E，F でそれぞれ接しています。辺 AC が 6cm，辺 BC が 8cm，辺 AB が 10cm のとき，この円の半径の長さは何 cm になりますか。

（東京・宝仙学園中）

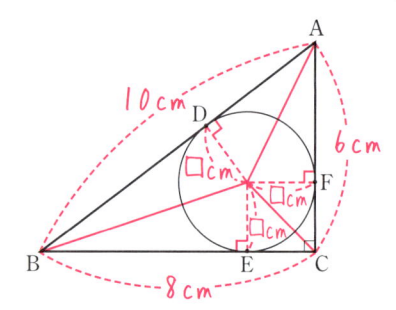

$$6×□÷2+8×□÷2+10×□÷2$$
$$=(6+8+10)×□÷2$$
$$=12×□$$
$$8×6÷2=24\text{(cm}^2)$$
$$12×□=24 \qquad □=2\text{(cm)}$$

(1)	4	(2)	2cm

テーマ7 三角形の内接円の半径

実戦力アップ問題 B 解説と答案例

問題 別冊 41ページ

40 右の図は，1辺の長さが15cmのひし形で，2つの対角線の長さは18cmと24cmです。このひし形の内部に，同じ大きさの4つの円を入れたところ，ちょうどどの円も1つの辺にぴったりとくっつき，他の2つの円にもぴったりくっつきました。円の半径は □cmで，ぬりつぶした部分の面積は □cm² になります。□にあてはまる数を答えなさい。ただし，円周率は3.14とします。
(東京・慶應中等部)

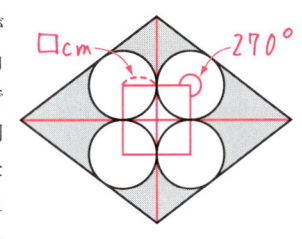

$18 \div 2 = 9 \text{(cm)}$
$24 \div 2 = 12 \text{(cm)}$
$\quad 15 \times \square \div 2 + 12 \times \square \div 2 + 9 \times \square \div 2$
$= (15+12+9) \times \square \div 2$
$= 18 \times \square$
$12 \times 9 \div 2 = 54 \text{(cm}^2\text{)}$
$18 \times \square = 54 \quad \square = 3 \text{(cm)} \quad \leftarrow 半径$

$\quad 18 \times 24 \div 2$
$\qquad -3 \times 3 \times 3.14 \times \dfrac{270}{360} \times 4 - 6 \times 6$
$= 95.22 \text{(cm}^2\text{)} \quad \leftarrow 面積$

| 3 | 95.22 |

---

40 ひし形を4つの直角三角形に分割して考えます。

図1の三角形ABCにおいて，円の中心と3つの頂点A，B，Cを結びます。

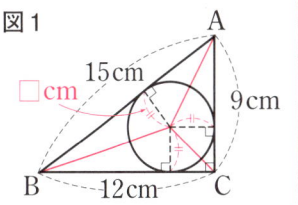

$AC = 18 \div 2 = 9 \text{(cm)}$
$BC = 24 \div 2 = 12 \text{(cm)}$

円の半径を□cmとすると，三角形ABCの面積は

$\quad 15 \times \square \div 2 + 12 \times \square \div 2 + 9 \times \square \div 2$
$= (15+12+9) \times \square \div 2$
$= 18 \times \square$

と表すことができます。これが

$12 \times 9 \div 2 = 54 \text{(cm}^2\text{)}$

になりますから

$18 \times \square = 54$

より

$\square = 3 \text{(cm)}$

次に，ぬりつぶした部分の面積は，図2のように，ひし形の面積から半径3cm，中心角270°のおうぎ形4個の面積と，1辺が $3 \times 2 = 6 \text{(cm)}$ の正方形1個の面積をひいた面積になりますから

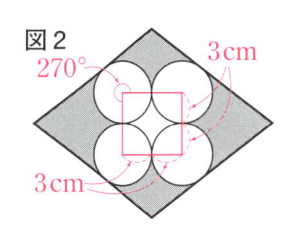

$18 \times 24 \div 2 - 3 \times 3 \times 3.14 \times \dfrac{270}{360} \times 4 - 6 \times 6$
$= 95.22 \text{(cm}^2\text{)}$

テーマ 8 6つの内角がすべて等しい六角形

例題

右の図のように，6つの内角がすべて等しい六角形があります。

辺 AB の長さは何 cm ですか。

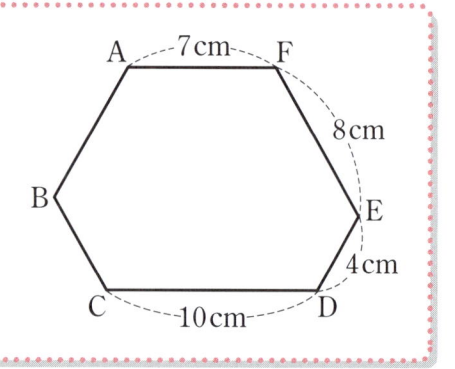

解き方

「6つの内角がすべて等しい」ということは，「6つの外角がすべて等しい」ということと同じですから，この六角形の1つの外角は

　　　$360° \div 6 = 60°$　←知っておこう！参照

とわかります。

このことから，右の図のように **AB，CD，EF をえん長することによって，4つの正三角形 PQR，PAF，BQC，EDR を作ることができます。**

正三角形 PQR の1辺の長さは

　　　PF＋FE＋ER＝7＋8＋4＝19(cm)

ですから，QC の長さは

　　　$\underline{19}-(\underline{10+4})=5$(cm)
　　　　QR 　　 CR

AB の長さは

　　　$\underline{19}-(\underline{7}+\underline{5})=7$**(cm)**
　　　　PQ 　 PA BQ

答え

7cm

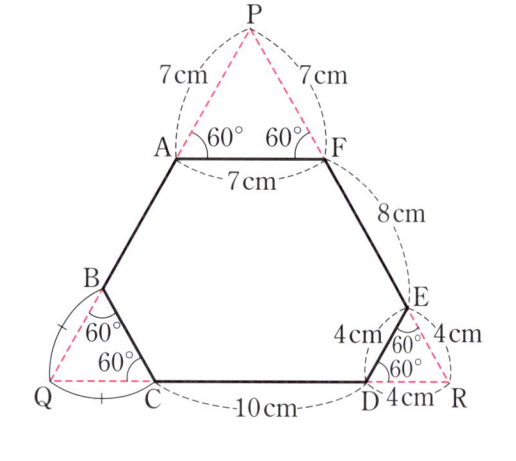

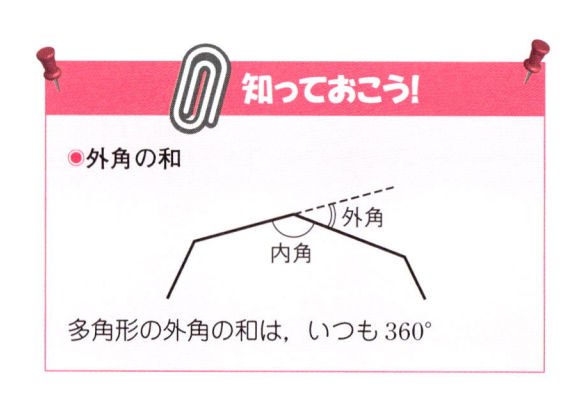

知っておこう！

●外角の和

多角形の外角の和は，いつも 360°

ポイントチェック

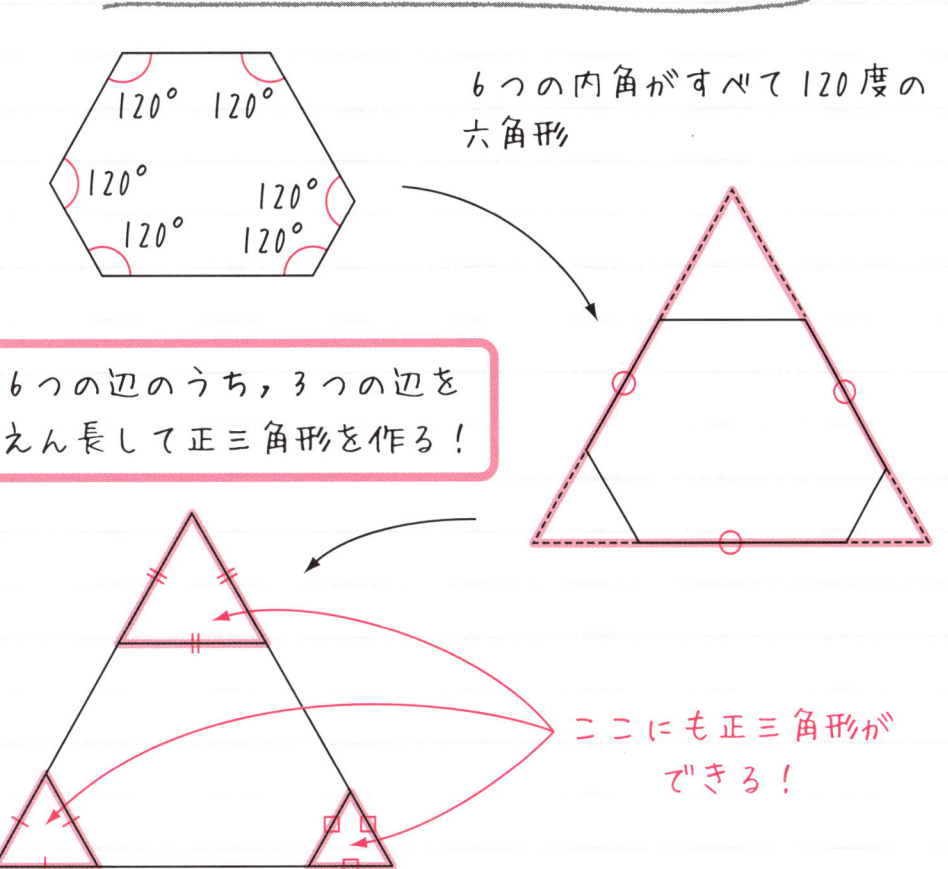

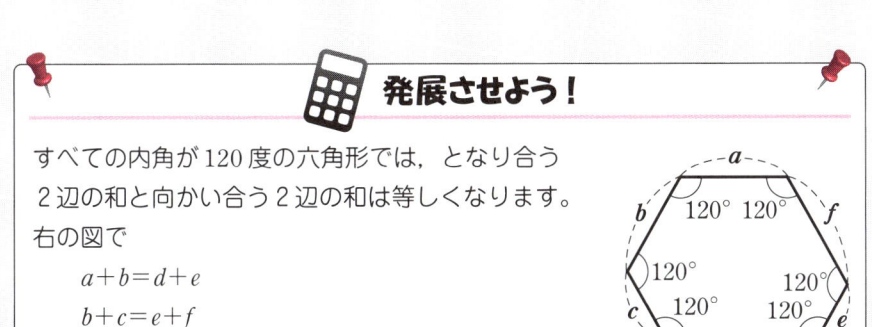

6つの内角がすべて120度の六角形

6つの辺のうち、3つの辺をえん長して正三角形を作る！

ここにも正三角形ができる！

発展させよう！

すべての内角が120度の六角形では、となり合う2辺の和と向かい合う2辺の和は等しくなります。
右の図で
$a+b=d+e$
$b+c=e+f$
$c+d=f+a$

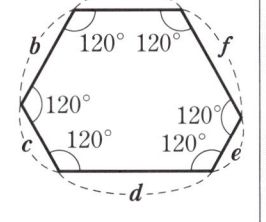

別冊 42〜43ページ「実戦力アップ問題」にチャレンジ！

実戦力アップ問題 A 解説と答案例

41 (1) 六角形 ABCDEF の 6 つの内角はすべて等しいですから，6 つの外角もすべて等しくなります。よって，1 つの外角は，360°÷6＝60° より，図のように各辺をえん長すると，4 つの正三角形 PQR，PAF，BQC，EDR を作ることができます。正三角形 PQR の 1 辺の長さは

　PF＋FE＋ER＝1＋3＋2＝6(cm)

ですから

　AB＝6－(1＋1)＝**4(cm)**
　CD＝6－(1＋2)＝**3(cm)**

とわかります。

(2) 六角形 ABCDEF の 6 つの内角はすべて 120° ですから，6 つの外角はすべて，180°－120°＝60° になります。
よって，図のように各辺をえん長すると，4 つの正三角形 PQR，PBA，CQD，FER を作ることができます。
正三角形 PQR の 1 辺の長さは

　PA＋AF＋FR＝15＋6＋6＝27(cm)

ですから

　CD＝CQ＝27－(15＋3)＝9(cm)
　QD＝CQ＝9(cm) より
　DE＝27－(9＋6)＝12(cm)

したがって，六角形 ABCDEF のまわりの長さは

　15＋3＋9＋12＋6＋6＝**51(cm)**

---

41 次の問いに答えなさい。

(1) 6 つの角がすべて等しい六角形 ABCDEF が図のようにあります。辺 AB と辺 CD の長さを求めなさい。
（大阪・高槻中）

1＋3＋2＝6(cm)
6－(1＋1)＝4(cm) ←AB
6－(1＋2)＝3(cm) ←CD

(2) 右の図は，すべての角の大きさが 120° の六角形です。
AB＝15cm，BC＝3cm，EF＝FA＝6cm のとき，この六角形のまわりの長さを求めなさい。
（奈良育英中）

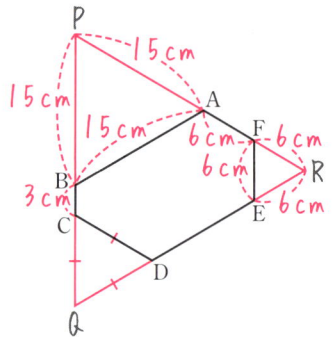

15＋6＋6＝27(cm)
27－(15＋3)＝9(cm)
27－(9＋6)＝12(cm)
15＋3＋9＋12＋6＋6＝51(cm)

| (1) | AB | 4cm | CD | 3cm | (2) | 51cm |

実戦力アップ問題 B 解説と答案例

問題 別冊 43 ページ

42 下の図のような6つの角がすべて等しい六角形があるとき，BCの長さは□cmになります。□にあてはまる数を求めなさい。
(東京・渋谷教育学園渋谷中)

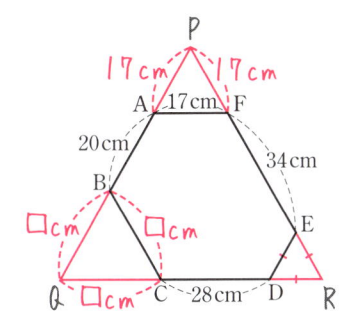

$17+20-28=9 (cm)$
$17+34+9=60 (cm)$
$60-(17+20)=23 (cm)$

23

42 六角形ABCDEFの6つの内角はすべて等しいですから，6つの外角もすべて等しくなります。よって，1つの外角は
　　$360°÷6=60°$
より，図のように各辺をえん長すると，4つの正三角形PQR，PAF，BQC，EDRを作ることができます。
　　PQ＝QR，BQ＝QC
より
　　PB＝CR
となりますから
　　DR＝17＋20－28＝9(cm)
　　ER＝DR＝9cm
よって，正三角形PQRの1辺の長さは
　　PF＋FE＋ER＝17＋34＋9＝60(cm)
ですから
　　BC＝60－(17＋20)＝**23**(cm)

テーマ 9 複合図形の面積①

例題

右の図は，長方形と半円を組み合わせた図形で，点 E は半円の弧 CD の真ん中の点です。しゃ線部分の面積は何 cm² ですか。ただし，円周率は 3.14 とします。

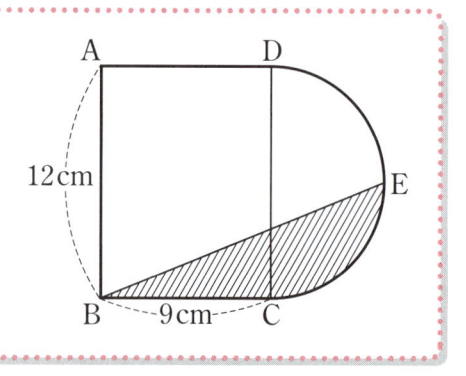

解き方

右の図のように補助線をひいて考えます。

しゃ線部分の面積は長方形 PBCO と四分円 OCE の面積の和から，直角三角形 PBE の面積をひいて求めることができますから

$$6 \times 9 + 6 \times 6 \times 3.14 \times \frac{1}{4} - 6 \times (9+6) \div 2$$
$$= 37.26 \,(\text{cm}^2)$$

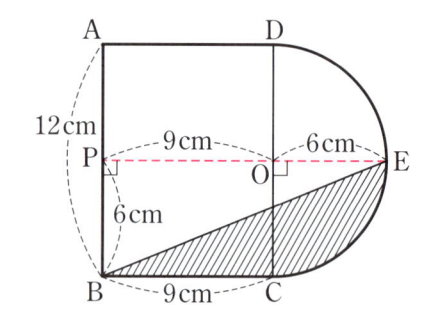

答え

37.26cm²

知っておこう！

● 複合図形の面積の求め方
① いくつかの図形に分けて，面積を合計する。
② 面積のわかる図形で囲んで，全体の面積から，いらない部分の面積をひく。
③ 等積移動（等積変形）を行って，面積が求めやすい形を作る。
④ 辺の比を利用する。

ポイントチェック

しゃ線部分の面積は？

まず補助線をひく！

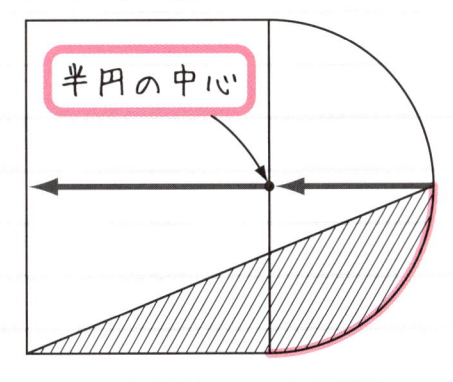

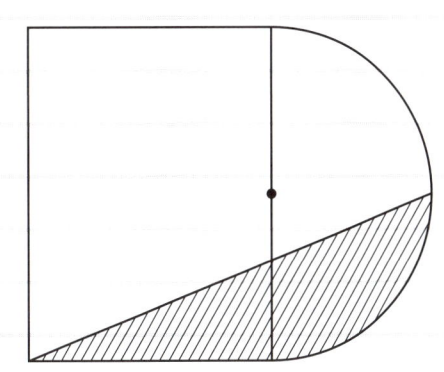

半円の中心

全体の図形から
長方形＋四分円
いらない部分をひく！
直角三角形

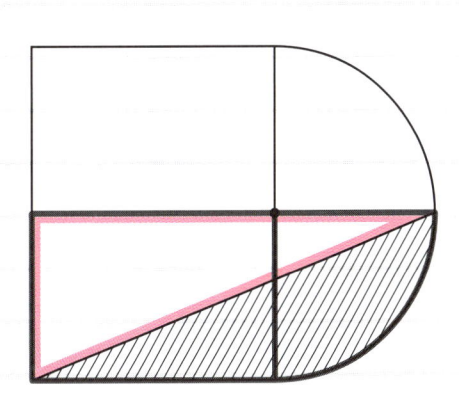

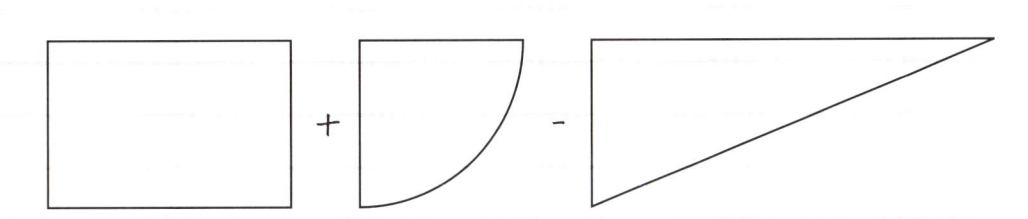

□ ＋ ◖ － ◣

別冊 44〜45ページ
「実戦力アップ問題」
にチャレンジ！

実戦力アップ問題 A 解説と答案例

問題 別冊 44 ページ

43 図のように補助線をひいて考えます。
　しゃ線部分の面積はたて 4cm，横 2cm の長方形と半径 2cm の四分円の面積の和から，底辺 2cm，高さ 2+4=6(cm) の直角三角形の面積をひいて求めます。

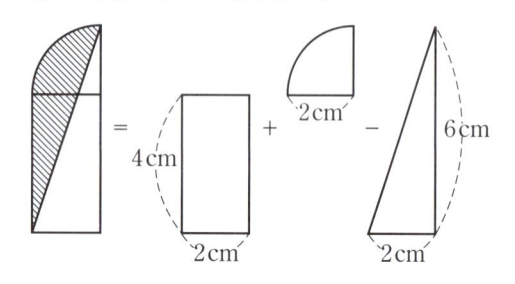

$$4\times2+2\times2\times3.14\times\frac{1}{4}-2\times6\div2$$
$$=5.14(\text{cm}^2)$$

43 右の図形は 1 辺の長さが 4cm の正方形と底辺の長さが 4cm の二等辺三角形と直径が 4cm の半円で作られています。
　この図形のしゃ線部分の面積を求めなさい。ただし，円周率は 3.14 とします。
(神奈川学園中)

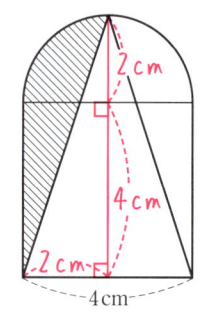

$4 \times 2 + 2 \times 2 \times 3.14 \times \frac{1}{4} - 2 \times 6 \div 2$
$= 5.14 (cm^2)$

$5.14 cm^2$

実戦力アップ問題 B 解説と答案例

問題 別冊 45 ページ

44 右の図の正方形の1辺の長さは8cmです。■の部分の面積を求めなさい。ただし，円周率は3.14とします。
（埼玉・星野学園中）

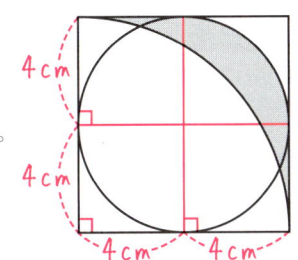

$$4 \times 4 \times 3 + 4 \times 4 \times 3.14 \times \frac{1}{4}$$
$$- 8 \times 8 \times 3.14 \times \frac{1}{4}$$
$$= 10.32 (cm^2)$$

10.32cm²

44 図のように補助線をひいて考えます。

かげの部分の面積は1辺 $8 \div 2 = 4$ (cm) の正方形3つ分と半径4cmの四分円の面積の和から，半径8cmの四分円の面積をひいて求めます。

$$4 \times 4 \times 3 + 4 \times 4 \times 3.14 \times \frac{1}{4}$$
$$- 8 \times 8 \times 3.14 \times \frac{1}{4}$$
$$= 10.32 (cm^2)$$

（別解） 160ページの「知っておこう！」を利用して，次のように求めることもできます。

$$8 \times 8 \times 0.215 - 4 \times 4 \times 0.215$$
$$= (64 - 16) \times 0.215$$
$$= 48 \times 0.215$$
$$= 10.32 (cm^2)$$

テーマ 10 複合図形の面積②

例題

右の図のように半径が 12cm の円を 4 等分した図形の 1 つがあります。

点 C は弧 AB を 3 等分した点の 1 つです。このとき，しゃ線部分の面積は何 cm² ですか。ただし，円周率は 3.14 とします。

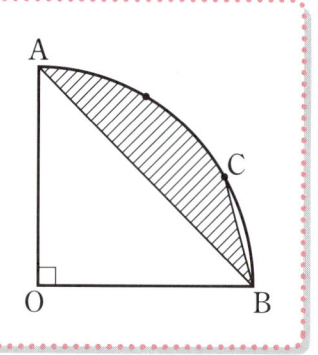

解き方

まず，C と O を結んでおうぎ形 AOC を作ります。
　弧を見つけたら，中心と結んでおうぎ形を作る！

しゃ線部分の面積は
　　（おうぎ形 AOC の面積）＋（三角形 COB の面積）
　　－（三角形 AOB の面積）
で求めることができます。

点 C は弧 AB の 3 等分点ですから
　　角 COB＝90°÷3＝30°
　　角 AOC＝30°×2＝60°

よって，おうぎ形 AOC の面積は

$$12 \times 12 \times 3.14 \times \frac{60}{360} = 75.36 \text{(cm}^2\text{)}$$

三角形 COB の面積は

　　12×(12÷2)÷2＝36(cm²)
　　OB　　CH　知っておこう！参照

三角形 AOB の面積は

　　12×12÷2＝72(cm²)

したがって，しゃ線部分の面積は

　　75.36＋36－72＝**39.36(cm²)**

答え

39.36cm²

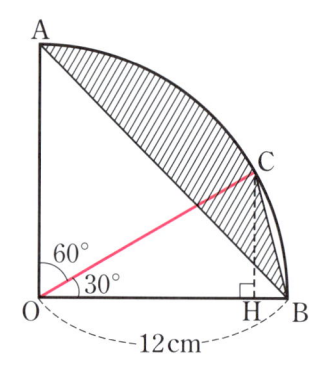

知っておこう！

● 30°と 60°の角をもつ直角三角形の辺の比

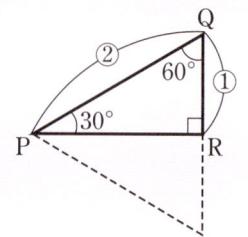

上の図で　PQ：QR＝2：1
（三角形 PQR を 2 つ組み合わせると正三角形になるから）

ポイントチェック

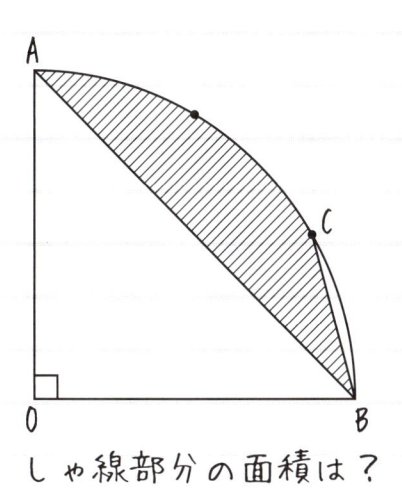

しゃ線部分の面積は？

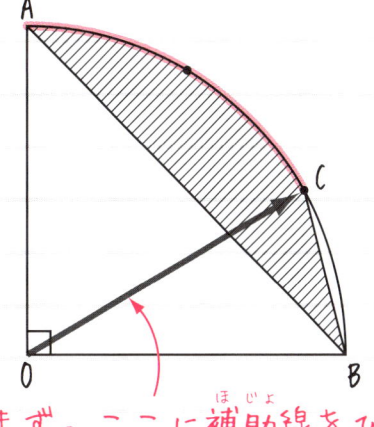

まず、ここに補助線をひいておうぎ形を作る！

全体の面積 から、いらない部分 をひく！
おうぎ形AOC　　　　　三角形AOB
＋三角形COB

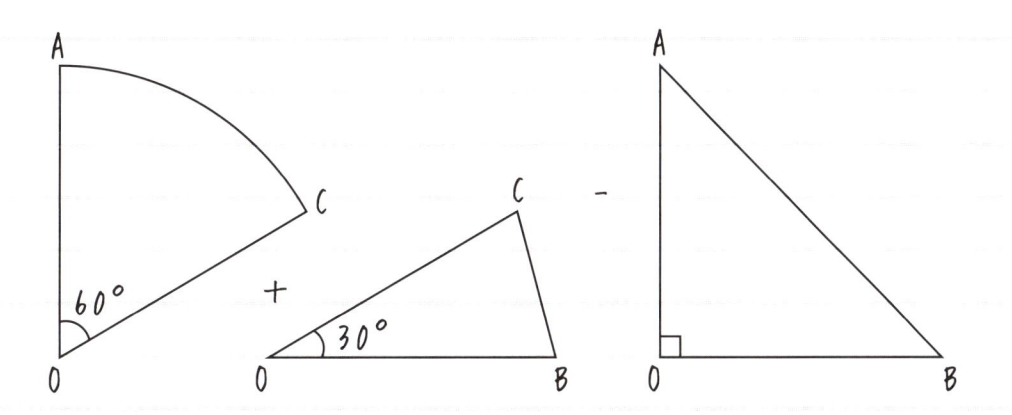

別冊 46〜47ページ
「実戦力アップ問題」
にチャレンジ！

実戦力アップ問題 A　解説と答案例

問題 別冊 46 ページ

45 まず，QとOを結んでおうぎ形QOBを作ります。

かげの部分の面積は
（おうぎ形QOBの面積）＋（三角形POQの面積）－（三角形POBの面積）
で求めることができます。

点Qは弧ABを3等分した点の1つですから
　　角AOQ＝90°÷3＝30°
　　角QOB＝30°×2＝60°

OQ：QH＝2：1より
　　QH＝6÷2＝3(cm)

したがって，かげの部分の面積は
$$6 \times 6 \times 3.14 \times \frac{60}{360} + 3 \times 3 \div 2 - 6 \times 3 \div 2$$
$$= 14.34 (\text{cm}^2)$$

---

45 下の図は半径が6cmの円を4等分した図形の1つで，点Pは半径OAを2等分した点，点QはAからBまでの曲線の長さを3等分した点の1つです。かげのついた部分の面積を求めなさい。

ただし，円周率は3.14とします。

（埼玉・立教新座中）

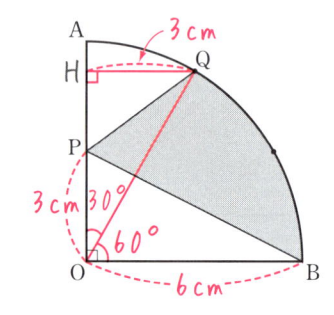

$$6 \times 6 \times 3.14 \times \frac{60}{360}$$
$$+ 3 \times 3 \div 2 - 6 \times 3 \div 2$$
$$= 14.34 (\text{cm}^2)$$

14.34 cm²

実戦力アップ問題 B 解説と答案例

問題 別冊 47 ページ

46 下の図のような直径12cmの半円があります。図の点は、円周の半分を6等分する点です。円周率を3.14として、しゃ線の部分の面積を求めなさい。
（京都・同志社女子中）

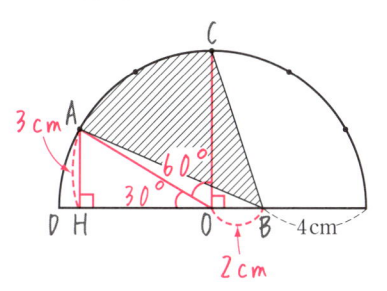

$6 \times 6 \times 3.14 \times \dfrac{60}{360}$
$\qquad + 2 \times 6 \div 2 - 2 \times 3 \div 2$
$= 21.84 (cm^2)$

答 $21.84 cm^2$

46 まず、半円の弧の上の2点A, Cと中心Oを結んでおうぎ形AOCを作ります。
しゃ線部分の面積は
（おうぎ形AOCの面積）＋（三角形COBの面積）－（三角形AOBの面積）
で求めることができます。
図の点は、半円の弧を6等分する点ですから
　角AOD＝180°÷6＝30°
　角AOC＝30°×2＝60°
AO：AH＝2：1より
　AH＝6÷2＝3(cm)
したがって、しゃ線部分の面積は
$6 \times 6 \times 3.14 \times \dfrac{60}{360} + 2 \times 6 \div 2 - 2 \times 3 \div 2$
$= \mathbf{21.84 (cm^2)}$

テーマ 11 複合図形の面積③

例題

右の図は，正方形と2つのおうぎ形を組み合わせた図形です。しゃ線部分の面積は何cm²ですか。ただし，円周率は3.14とします。

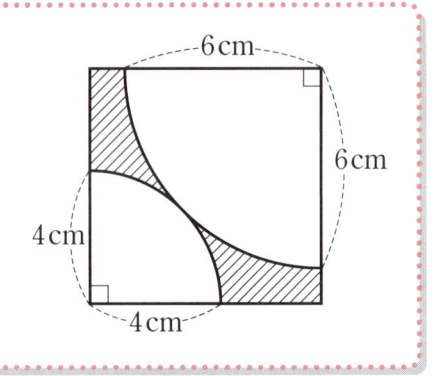

解き方

正方形の面積から，2つのおうぎ形の面積をひいて求めます。ただし，正方形の1辺の長さがわかっていないので，正方形の面積は，対角線 × 対角線 ÷ 2 で求めます。
└ 知っておこう！参照

右の図のように正方形の対角線をひくと，アの長さは小さいおうぎ形の半径だから4cm，イの長さは大きいおうぎ形の半径だから6cmとわかります。よって，正方形の対角線の長さは，4＋6＝10(cm) だから，正方形の面積は

$$10 \times 10 \div 2 = 50 \text{(cm}^2\text{)}$$

2つのおうぎ形の面積の和は

$$4 \times 4 \times 3.14 \times \frac{1}{4} + 6 \times 6 \times 3.14 \times \frac{1}{4} = 40.82 \text{(cm}^2\text{)}$$

したがって，しゃ線部分の面積は

$$50 - 40.82 = \mathbf{9.18} \text{(cm}^2\text{)}$$

答え

9.18cm²

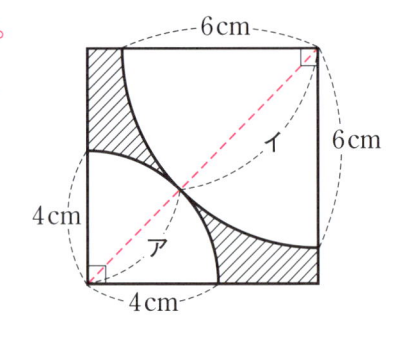

知っておこう！

正方形の1辺の長さがわからないとき
　正方形の面積 = 対角線 × 対角線 ÷ 2
　（ひし形の面積の公式を使う）

ポイントチェック

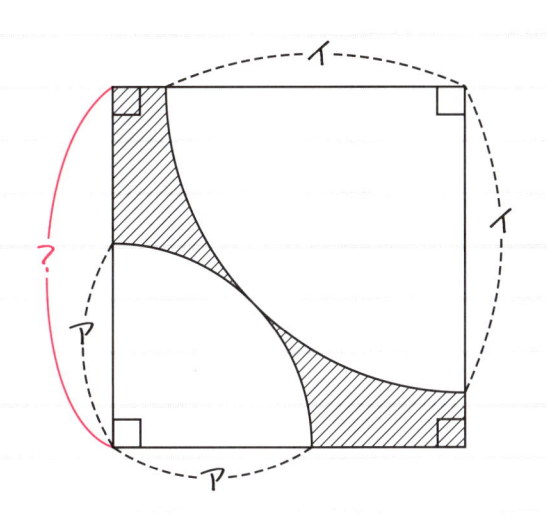

しゃ線部分の面積は、正方形の面積から、2つのおうぎ形の面積をひいて求めればよい。しかし、<u>正方形の1辺の長さはわかっていない</u>。そんなときは……。

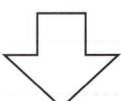

⇩

ここに補助線をひく！

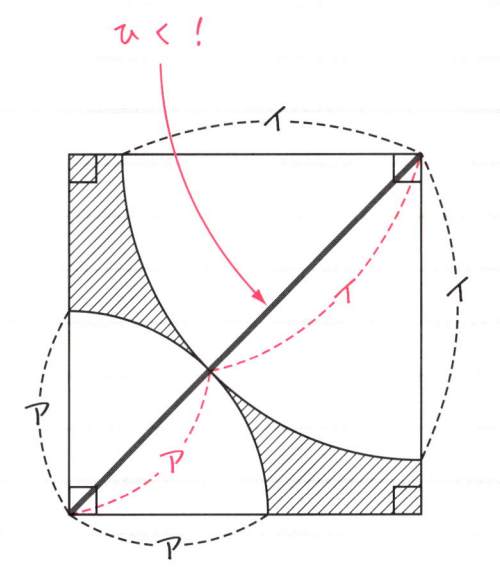

正方形の面積を
対角線×対角線÷2
で求める！

このとき、<u>対角線の長さは2つのおうぎ形の半径の和になっている</u>。

別冊 48〜49ページ
「実戦力アップ問題」にチャレンジ！

実戦力アップ問題 A 解説と答案例

問題 別冊 48ページ

47 (1) 図のように正方形の対角線をひくと，対角線の長さは2つのおうぎ形の半径の和になることがわかります。
よって，対角線の長さは
$$6+8=14\text{(cm)}$$
より，正方形の面積は
$$14\times14\div2=\textbf{98}\textbf{(cm}^2\textbf{)}$$

(2) 正方形の面積から，2つのおうぎ形の面積の和をひいて求めます。
2つのおうぎ形の面積の和は
$$6\times6\times3.14\times\frac{1}{4}+8\times8\times3.14\times\frac{1}{4}$$
$$=78.5\text{(cm}^2\text{)}$$
したがって，正方形の白い部分の面積は
$$98-78.5=\textbf{19.5}\textbf{(cm}^2\textbf{)}$$

---

47 右の図のように，正方形の紙に半径が6cmと8cmのおうぎ形をかきました。
次の問いに答えなさい。
ただし，円周率は3.14とします。
（東京・立教池袋中）

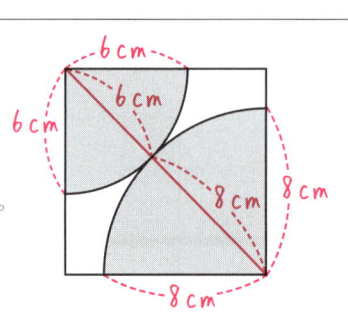

(1) この正方形の面積は何cm²ですか。

$$6+8=14\text{(cm)}$$
$$14\times14\div2=98\text{(cm}^2\text{)}$$

(2) この正方形の白い部分の面積は何cm²ですか。

$$6\times6\times3.14\times\frac{1}{4}+8\times8\times3.14\times\frac{1}{4}$$
$$=78.5\text{(cm}^2\text{)}$$
$$98-78.5=19.5\text{(cm}^2\text{)}$$

(1)	98 cm²	(2)	19.5 cm²

テーマ11 複合図形の面積③

実戦力アップ問題 B 解説と答案例

48 右の図の正方形ABCDのかげの部分の面積は □ cm² です。

□ にあてはまる数を答えなさい。ただし、円周率は3.14とします。（東京家政学院中）

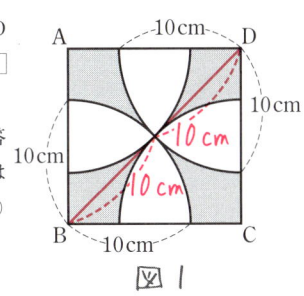

図1

$10 \times 2 = 20 \text{(cm)}$
$20 \times 20 \div 2 = 200 \text{(cm}^2\text{)}$
$10 \times 10 \times 3.14 \times \dfrac{1}{4} \times 2$
$= 157 \text{(cm}^2\text{)}$
$200 - 157 = 43 \text{(cm}^2\text{)}$
$43 \times 2 = 86 \text{(cm}^2\text{)}$

86

---

48 図1のかげの部分の面積は、図2のかげの部分の面積の2倍になります。

正方形ABCDの対角線BDをひくと、対角線の長さは2つのおうぎ形の半径の和になることがわかります。

図2

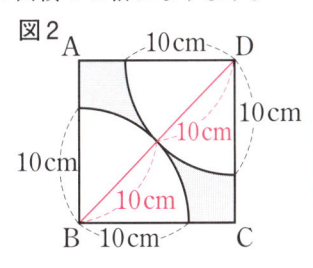

よって、対角線の長さは
$10 \times 2 = 20 \text{(cm)}$
より、正方形ABCDの面積は
$20 \times 20 \div 2 = 200 \text{(cm}^2\text{)}$
2つのおうぎ形の面積の和は
$10 \times 10 \times 3.14 \times \dfrac{1}{4} \times 2 = 157 \text{(cm}^2\text{)}$
したがって、図2のかげの部分の面積は
$200 - 157 = 43 \text{(cm}^2\text{)}$
ですから、図1のかげの部分の面積は
$43 \times 2 = \mathbf{86} \text{(cm}^2\text{)}$

> 右の図は、正方形の中に、半径が正方形の1辺と同じになる円の一部をかき加えたものです。かげの部分の面積は 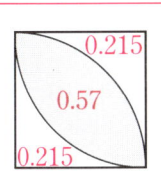
> (半径×半径×3.14÷4－半径×半径÷2)×2
> ＝半径×半径×0.57
> で求めることができます。
>
> 0.215
> 0.57
> 0.215

（別解） 正方形の面積を求めたあと、次のようにして求めることもできます。
$10 \times 10 \times 0.57 = 57 \text{(cm}^2\text{)}$
ですから、求める面積は
$200 - 57 \times 2 = 200 - 114 = \mathbf{86} \text{(cm}^2\text{)}$

テーマ 12 半径がわからない円の面積

例題

右の図で，正方形ABCDの1辺の長さは6cmです。円の面積は何cm²ですか。ただし，円周率は3.14とします。

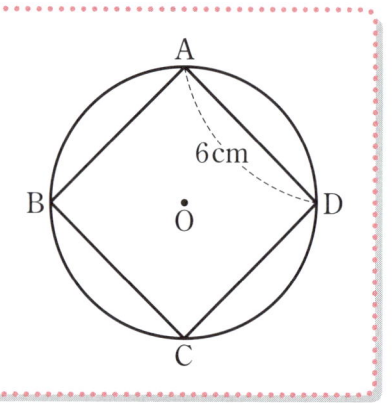

解き方

円の半径がわかりませんが，「半径 × 半径」がわかれば円の面積を求めることができます。

右の図のように，円の半径AOを1辺とする正方形AODEを作ると，円の「半径 × 半径」は，この正方形AODEの面積と等しくなります。正方形AODEの面積は

$$6 \times 6 \div 2 = 18 (\text{cm}^2)$$
対角線 × 対角線

ですから，円の面積は

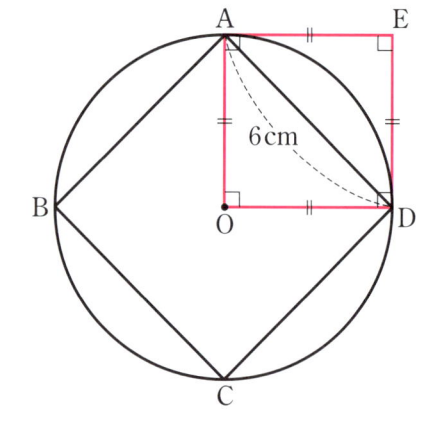

$$18 \times 3.14 = 56.52 (\text{cm}^2)$$
半径 × 半径

答え

56.52cm²

知っておこう！

● 半径がわからない円の面積
⇨ 「半径 × 半径」を考える。

ポイントチェック

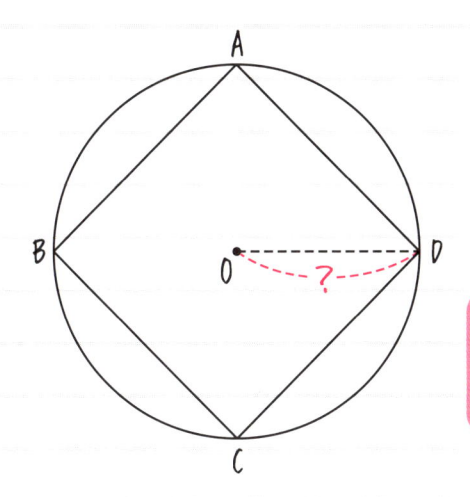

半径がわからないときの円の面積は？

⇩

半径×半径 を考える。

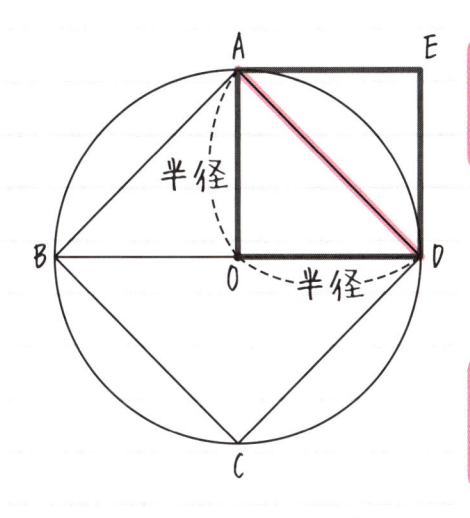

⇩

正方形AODEの面積が半径×半径になっている。

⇩

正方形AODEの面積は AD×AD÷2

したがって円Oの面積は，

AD×AD÷2×円周率

で求めることができる。

実戦力アップ問題 A 解説と答案例

問題 別冊 50ページ

49 しゃ線部分のおうぎ形の半径を□cmとすると，□×□は正方形ABCDの面積になります。

図のように正方形の対角線ACをひくと，ACは外側のおうぎ形の半径と等しく8cmになることがわかります。

よって，正方形ABCDの面積は

$8 \times 8 \div 2 = 32 (\text{cm}^2)$

ですから，しゃ線部分の面積は

$$□ \times □ \times 3.14 \times \frac{1}{4} = 32 \times 3.14 \times \frac{1}{4}$$
$$= 25.12 (\text{cm}^2)$$

---

49 右の図形は，半径が8cmである円の一部に正方形がかかれていて，その正方形の1辺と同じ長さの半径の円の一部がかかれています。このとき，しゃ線の部分の面積は□cm²です。□にあてはまる数を求めなさい。ただし，円周率は3.14とします。（東京・立教女学院中）

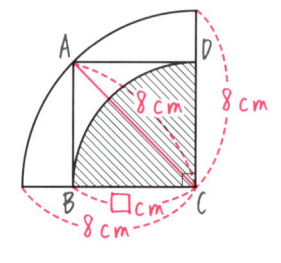

$8 \times 8 \div 2 = 32 (\text{cm}^2)$

$32 \times 3.14 \times \frac{1}{4} = 25.12 (\text{cm}^2)$

25.12

実戦力アップ問題 B 解説と答案例

問題 別冊 51 ページ

50 下の図の四角形 ABCD は正方形です。このとき，しゃ線部分の面積を求めなさい。ただし，円周率は 3.14 とします。
（東京・青稜中）

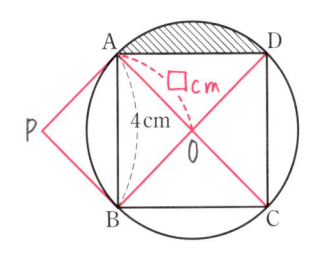

$4 \times 4 \div 2 = 8 (cm^2)$

$8 \times 3.14 \times \dfrac{1}{4} - 8 \div 2 = 2.28 (cm^2)$

2.28 cm²

---

50 図のように正方形の対角線 AC，BD をひいて考えます。

しゃ線部分の面積は，おうぎ形 AOD の面積から直角二等辺三角形 AOD の面積をひいて求めます。

AO＝□cm とすると，□×□ は正方形 APBO の面積と等しく

$4 \times 4 \div 2 = 8 (cm^2)$

とわかります。

よって，しゃ線部分の面積は

$□ \times □ \times 3.14 \times \dfrac{1}{4} - □ \times □ \div 2$

$= 8 \times 3.14 \times \dfrac{1}{4} - 8 \div 2$

$= \mathbf{2.28 (cm^2)}$

（別解） □×□ の値を求めたあと，次のようにして求めることもできます。

求める面積は

$□ \times □ \times 0.57 \div 2$

$= 8 \times 0.57 \div 2$

$= 4 \times 0.57 = \mathbf{2.28 (cm^2)}$

テーマ 13　辺の比と面積の比の利用

例題

右の図の三角形ABCにおいて，
　　AF：FE＝5：4
　　CF：FD＝2：1
です。三角形AFCの面積は三角形ABCの面積の何分のいくつですか。

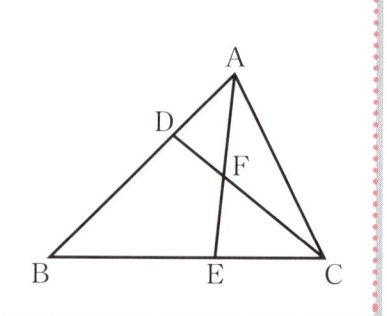

解き方

2点B, Fを結んで考えます。

四角形ABFCと三角形FBCの面積の比は，AF：FEと等しく（←知っておこう！参照）
5：4ですから，三角形FBCの面積は，三角形ABCの面積の

$$\frac{4}{5+4}=\frac{4}{9}$$

にあたることがわかります。

同様に考えて，**四角形AFBCと三角形ABFの面積の比はCF：FDと等しく**2：1ですから，三角形ABFの面積は三角形ABCの面積の

$$\frac{1}{2+1}=\frac{1}{3}$$

にあたることがわかります。

したがって，三角形AFCの面積は三角形ABCの面積の

$$1-\left(\frac{4}{9}+\frac{1}{3}\right)=\frac{2}{9}$$

答え

$\frac{2}{9}$

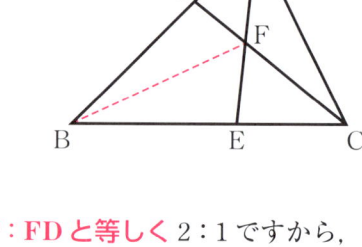

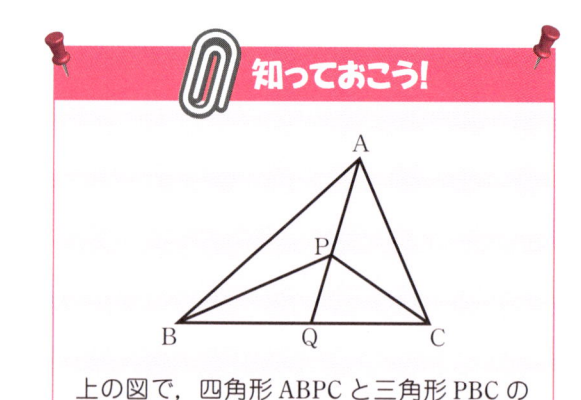

知っておこう！

上の図で，四角形ABPCと三角形PBCの面積の比は，AP：PQの比と等しい。

ポイントチェック

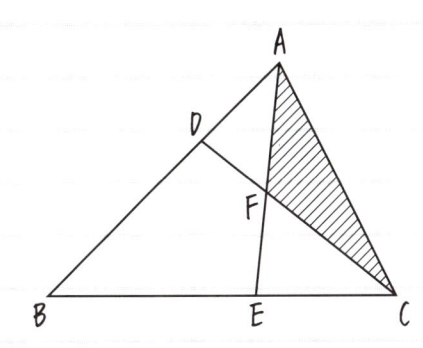

しゃ線部分の面積は全体の何分のいくつ？

まずここに補助線をひく。

三角形ABCの面積を1とし、三角形FBCと三角形ABFの面積の割合をひいて求める！

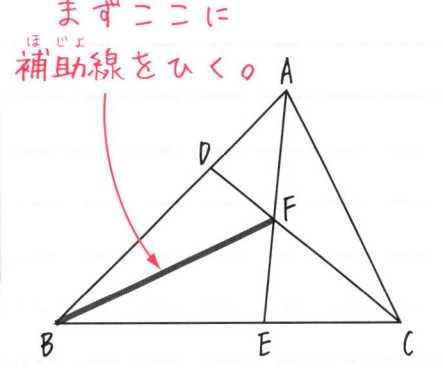

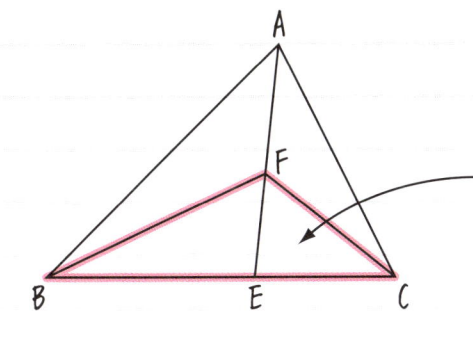

三角形FBCの面積は、三角形ABCの面積の $\dfrac{FE}{AE}$ 倍。

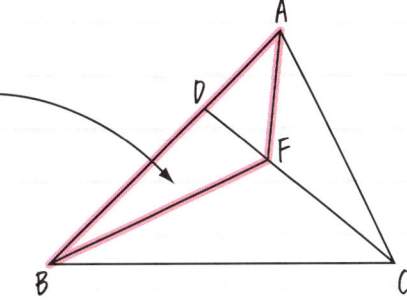

三角形ABFの面積は、三角形ABCの面積の $\dfrac{FD}{CD}$ 倍。

別冊 52〜53ページ「実戦力アップ問題」にチャレンジ！

実戦力アップ問題 A 解説と答案例

51 2点B, Fを結んで考えます。

(1) 四角形ABFCと三角形FBCの面積の比は，AF：FEと等しく2：1ですから，三角形FBCの面積は
$$90 \times \frac{1}{2+1} = 30 (\text{cm}^2)$$
同様にして，CF：FD＝3：2より，三角形ABFの面積は
$$90 \times \frac{2}{3+2} = 36 (\text{cm}^2)$$
よって，三角形AFCの面積は
$$90 - (30+36) = 24 (\text{cm}^2)$$
とわかります。
AD：DBは，三角形AFCと三角形FBCの面積の比と等しいですから
　　AD：DB＝24：30＝**4：5**

(2) BE：ECは三角形ABFと三角形AFCの面積の比と等しいですから
　　BE：EC＝36：24＝**3：2**

(3) (1)より三角形DBFの面積は
$$36 \times \frac{5}{4+5} = 20 (\text{cm}^2)$$
(2)より，三角形FBEの面積は
$$30 \times \frac{3}{3+2} = 18 (\text{cm}^2)$$
よって，四角形BEFDの面積は
　　20＋18＝**38(cm²)**

---

51 右の図の三角形ABCにおいて，AFとFEの長さの比は2：1，DFとFCの長さの比は2：3です。三角形ABCの面積は90cm²とします。 (城北埼玉中)

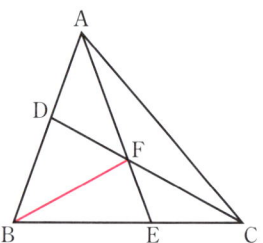

(1) AD：DBの比を求めなさい。

$90 \times \frac{1}{2+1} = 30 (\text{cm}^2)$

$90 \times \frac{2}{3+2} = 36 (\text{cm}^2)$

$90 - (30+36) = 24 (\text{cm}^2)$

$24 : 30 = 4 : 5$

(2) BE：ECの比を求めなさい。

$36 : 24 = 3 : 2$

(3) 四角形BEFDの面積を求めなさい。

$36 \times \frac{5}{4+5} = 20 (\text{cm}^2)$

$30 \times \frac{3}{3+2} = 18 (\text{cm}^2)$

$20 + 18 = 38 (\text{cm}^2)$

(1)	(2)	(3)
4：5	3：2	38cm²

実戦力アップ問題 B 解説と答案例

52 図のように，三角形 ABC の辺 AC を3等分する点 P, Q と辺 BC を2等分する点 R をとります。AR と BP, BQ の交わる点をそれぞれ S, T とするとき，次の問いに答えなさい。
(茨城・江戸川学園取手中)

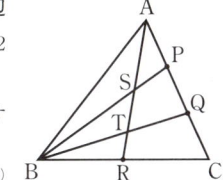

(1) AT:TR を求めなさい。

$(2+2):1 = 4:1$

(2) AS:ST:TR を求めなさい。

$AS:SR = (1+1):2 = 1:1$

$AS = 10 \times \dfrac{1}{1+1} = 5$

$AT = 10 \times \dfrac{4}{4+1} = 8$

$AS:ST:TR$
$= 5:(8-5):(10-8)$
$= 5:3:2$

(3) 三角形 BST の面積は三角形 ABC の面積の何倍ですか。

$\dfrac{1}{2} \times \dfrac{3}{10} = \dfrac{3}{20}$ (倍)

(4) 四角形 CQTR の面積は三角形 ABC の面積の何倍ですか。

$\dfrac{1}{2} \times \dfrac{2}{10} = \dfrac{1}{10}$ (倍) $\dfrac{1}{3} - \dfrac{1}{10} = \dfrac{7}{30}$ (倍)

(1)	4:1	(2)	5:3:2
(3)	$\dfrac{3}{20}$ 倍	(4)	$\dfrac{7}{30}$ 倍

---

52 (1) 図1において，三角形 ABT と三角形 CAT の面積の比は BR:RC と等しく 1:1，三角形 ABT と三角形 TBC の面積の比は AQ:QC と等しく 2:1 になりますから

 三角形 ABT：三角形 TBC：三角形 CAT
 $= 2:1:2$

AT:TR は四角形 ABTC と三角形 TBC の面積の比と等しいですから

 $AT:TR = (2+2):1 = \mathbf{4:1}$

(2) 図2において，三角形 ABS と三角形 CAS の面積の比は，BR:RC と等しく 1:1，三角形 ABS と三角形 SBC の面積の比は AP:PC と等しく 1:2 になりますから

 三角形 ABS：三角形 SBC：三角形 CAS
 $= 1:2:1$

AS:SR は四角形 ABSC と三角形 SBC の面積の比と等しいですから

 $AS:SR = (1+1):2 = 1:1$

これと(1)の結果より，AR の長さを $4+1=5$ と $1+1=2$ の最小公倍数の 10 とすると

 $AS = 10 \times \dfrac{1}{1+1} = 5$，$AT = 10 \times \dfrac{4}{4+1} = 8$

より

 $AS:ST:TR = 5:(8-5):(10-8) = \mathbf{5:3:2}$

(3) (2)より，AR に対する ST の割合は，$\dfrac{3}{10}$ ですから，三角形 ABC に対する三角形 BST の割合は $\dfrac{1}{2} \times \dfrac{3}{10} = \mathbf{\dfrac{3}{20}}$ (倍)

(4) 三角形 BQC の面積は三角形 ABC の面積の $\dfrac{1}{3}$ 倍。

三角形 BTR の面積は三角形 ABC の面積の

 $\dfrac{1}{2} \times \dfrac{2}{10} = \dfrac{1}{10}$ (倍)

したがって，四角形 CQTR の面積は三角形 ABC の面積の $\dfrac{1}{3} - \dfrac{1}{10} = \mathbf{\dfrac{7}{30}}$ (倍)

テーマ 14　太陽の光によるかげ

例題

地面に垂直に立てた長さ 1m の棒のかげの長さが 1.5m のとき，次の(1)，(2)の図のそれぞれの木の高さを求めなさい。

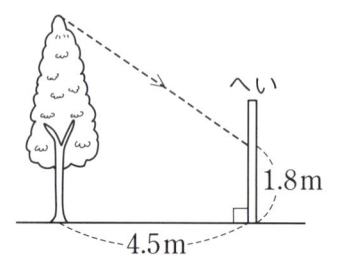

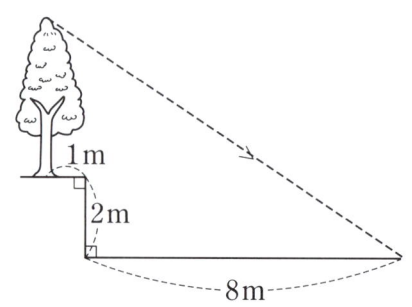

(1)　（図：木、へい 1.8m、4.5m）

(2)　（図：木、1m、2m、8m）

解き方

(1)　棒の長さと，そのかげの長さの比は図1より

$$1:1.5=2:3$$

図2のように，かげの先端から地面に平行な直線をひくと，三角形①は図1の三角形⑦と相似になりますから，ABの長さは

$$4.5 \times \frac{2}{3} = 3 \text{(m)}$$

したがって，求める木の高さは

$$3+1.8=4.8\text{(m)}$$

(2)　(1)と同じように考えると，図3の三角形⑨は，図1の三角形⑦と相似になりますから，CDの長さは

$$(1+8) \times \frac{2}{3} = 6 \text{(m)}$$

したがって，求める木の高さは

$$6-2=4\text{(m)}$$

答え

(1)　4.8m　　(2)　4m

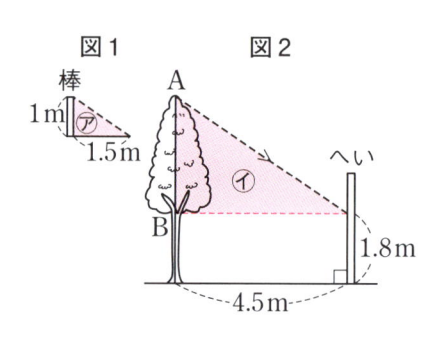

ポイントチェック

☆ 太陽光によるかげ

同じ時刻に2本の棒A，Bを地面に垂直に立てると，太陽光は平行なので，右の2つの直角三角形は相似。

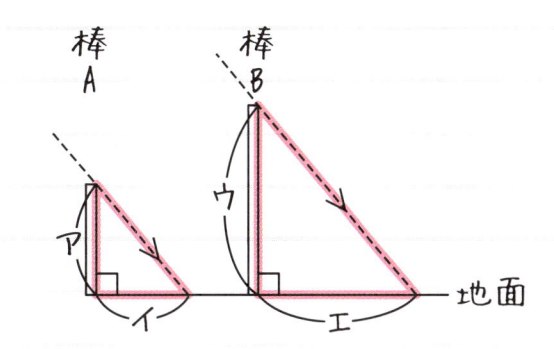

> ア：イ＝ウ：エ
> （棒の長さ）：（かげの長さ）は一定

問題の図に，へいや段差がある場合

⇨ かげの先から，地面に平行な直線をひいて相似な三角形を作る！

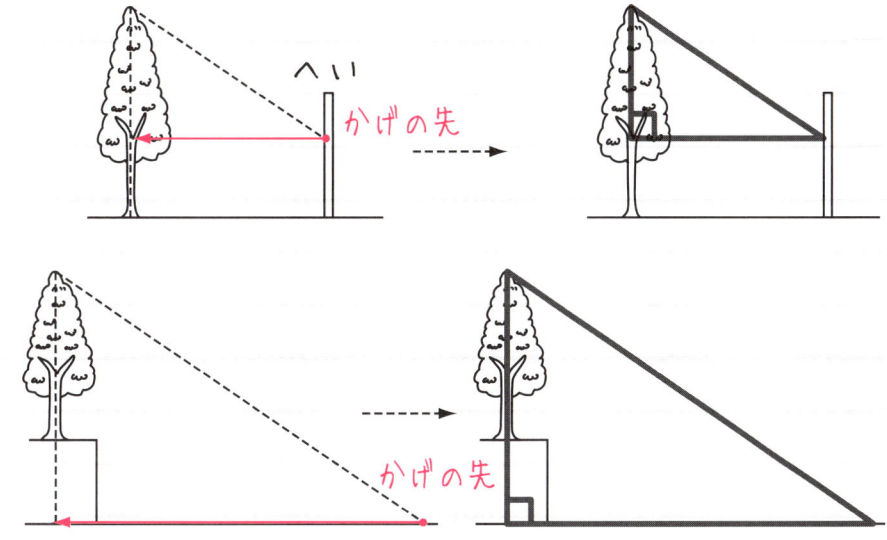

別冊 54〜55ページ
「実戦力アップ問題」にチャレンジ！

実戦力アップ問題 A 解説と答案例

53 (1) 図2の三角形APEは図1の三角形ABCと相似ですから
$$AP:PE=AB:BC=3:5$$
とわかります。
よって
$$AP=1\times\frac{3}{5}=0.6(m)$$
より
$$PB=3-0.6=2.4(m)$$
DE＝PBですから，かげの長さBDEは
$$1+2.4=\textbf{3.4(m)}$$

(2) 図3の三角形AQHは図1の三角形ABCと相似ですから
$$AQ:QH=AB:BC=3:5$$
とわかります。
$$QB=GF=60cm=0.6m$$
より
$$AQ=AB-QB=3-0.6=2.4(m)$$
ですから
$$QH=2.4\times\frac{5}{3}=4(m)$$
したがって，かげの長さBFGHは
$$4+0.6=\textbf{4.6(m)}$$

---

53 図1は高さが3mの棒ABを地面に垂直に立てたときのかげのようすを表したものです。このときのかげBCの長さは5mでした。ただし，棒の太さは考えないものとします。　　（北海道・函館ラ・サール中）

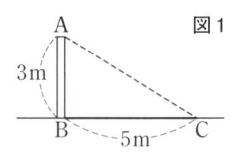

(1) 図2のように，かげのと中，棒から1mの所に地面と垂直なへいがあるとき，かげの長さBDEは何mですか。

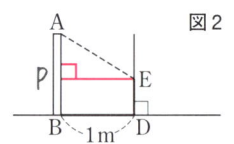

$1\times\dfrac{3}{5}=0.6(m)$

$3-0.6=2.4(m)$

$1+2.4=3.4(m)$

(2) 図3のように，かげのと中に高さ60cmの段差がある場合，かげの長さBFGHは何mですか。

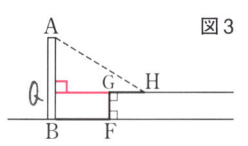

$3-0.6=2.4(m)$

$2.4\times\dfrac{5}{3}=4(m)$

$4+0.6=4.6(m)$

| (1) | 3.4m | (2) | 4.6m |

実戦力アップ問題 B 解説と答案例

問題 別冊 55ページ

54 下の図のようにA, B, Cに, ある一定の方向から日光がさしています。図の太線はかげになっている部分です。このときビルCの建物の高さは何mですか。　（東京・田園調布学園中等部）

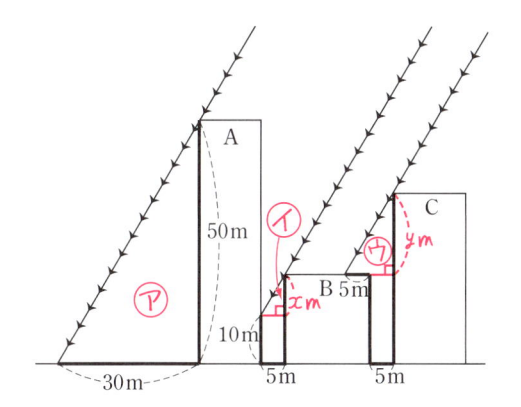

54 図の3つの直角三角形㋐, ㋑, ㋒はすべて相似ですから, 直角をはさむ2辺の比は㋐より

$$30 : 50 = 3 : 5$$

になります。

㋑において, $5 : x = 3 : 5$ より

$$x = 5 \times \frac{5}{3} = 8\frac{1}{3} \text{(m)}$$

㋒において, $(5+5) : y = 3 : 5$ より

$$y = (5+5) \times \frac{5}{3} = 16\frac{2}{3} \text{(m)}$$

したがって, ビルCの高さは

$$10 + 8\frac{1}{3} + 16\frac{2}{3} = \mathbf{35} \text{(m)}$$

$30 : 50 = 3 : 5$

$x = 5 \times \dfrac{5}{3} = 8\dfrac{1}{3}$ (m)

$y = (5+5) \times \dfrac{5}{3} = 16\dfrac{2}{3}$ (m)

$10 + 8\dfrac{1}{3} + 16\dfrac{2}{3} = 35$ (m)

35m

テーマ 15　三角形の相似の利用

例題

右の図のような正方形があります。AG：GF を求めなさい。

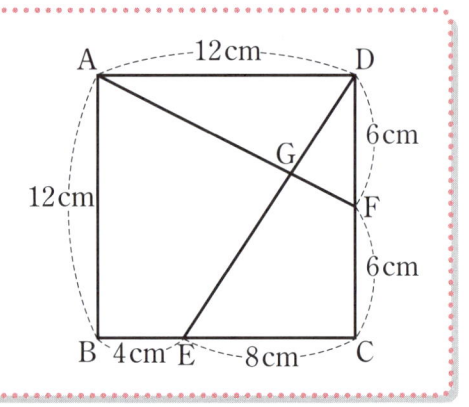

解き方

右の図のように，辺 BC に平行な補助線 HF をひいて考えます。

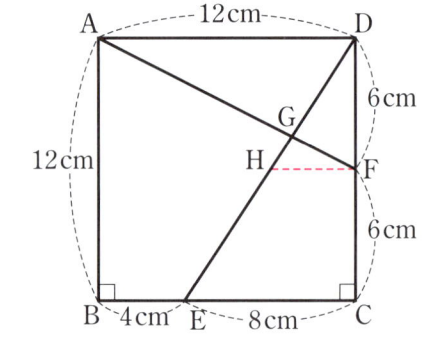

三角形 DHF と三角形 DEC は相似で，相似比は

　　DF：DC＝6：(6＋6)
　　　　　　＝1：2

になっていますから

　　HF：EC＝1：2

になることがわかります。
よって，HF の長さは

　　$8 \times \dfrac{1}{2} = 4$ (cm)

また，**三角形 AGD と三角形 FGH は相似**で，相似比は

　　AD：FH＝12：4＝3：1

になっていますから

　　AG：GF＝3：1

答え

3：1

参考

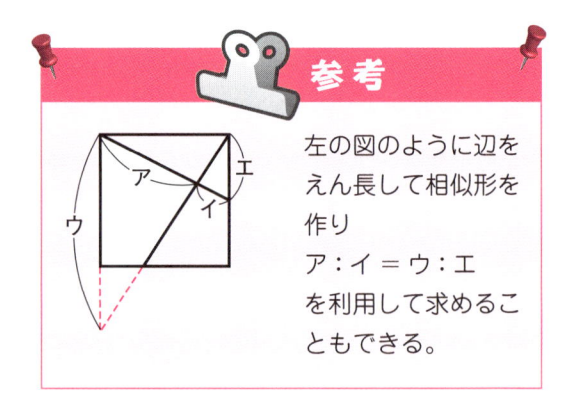

左の図のように辺をえん長して相似形を作り
ア：イ＝ウ：エ
を利用して求めることもできる。

ポイントチェック

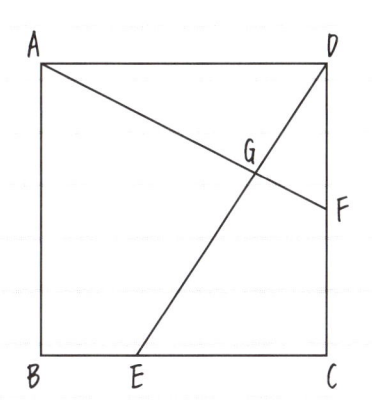

AG：GFは？

① 辺AGと辺GFがふくまれる相似形を作るため，補助線HFをひく！

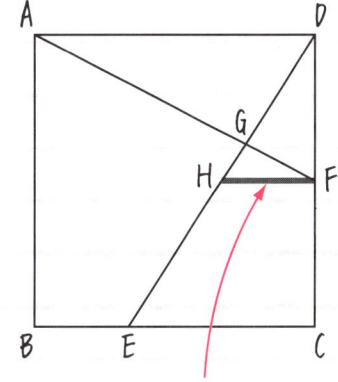

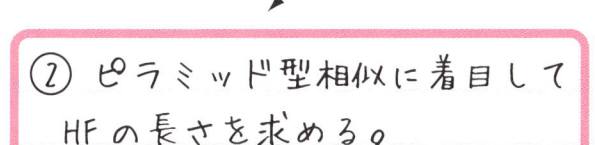

まず，ここに補助線をひく！

② ピラミッド型相似に着目してHFの長さを求める。

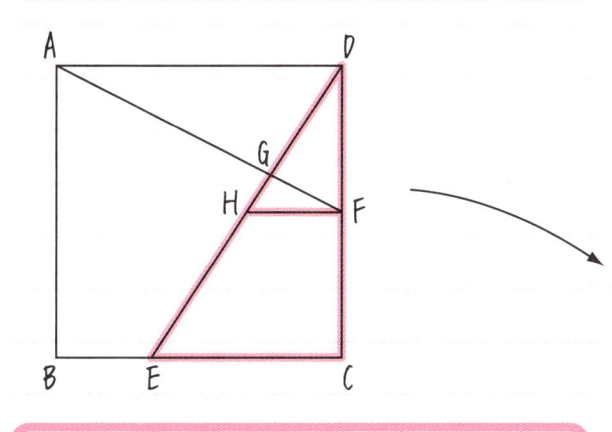

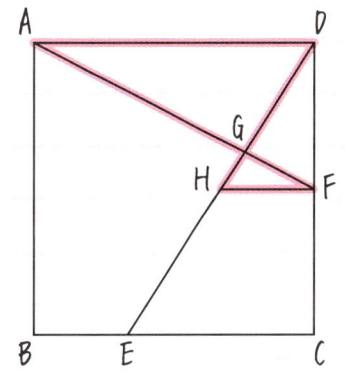

③ クロス型相似に着目してAG：GFを求める。

別冊 56～57ページ
「実戦力アップ問題」にチャレンジ！

実戦力アップ問題 A 解説と答案例

問題 別冊 56 ページ

55 (1) 図のように辺 AB に平行な補助線 EH をひいて考えます。三角形 AEH と三角形 ADF は相似で、相似比は

　　AE：AD＝8：12＝2：3

より

　　EH：DF＝2：3

よって

　　EH＝$9 \times \dfrac{2}{3} = 6$(cm)

また、三角形 ABG と三角形 HEG は相似で、相似比は

　　AB：HE＝12：6＝2：1

より

　　⑦：④＝**2：1**

(2) 台形 ABCF の面積から三角形 ABG の面積をひいて求めます。

　　FC＝12－9＝3(cm)

より、台形 ABCF の面積は

　　(3＋12)×12÷2＝90(cm²)

(1)より、三角形 ABG の面積は

　　$8 \times 12 \div 2 \times \dfrac{2}{2+1} = 32$(cm²)

よって、しゃ線部分の面積は

　　90－32＝**58(cm²)**

---

55 図のような正方形があるとき、次の問いに答えなさい。

(東京・日本大豊山中)

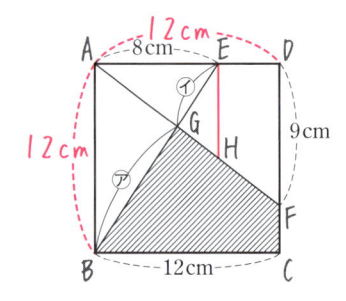

(1) ⑦と④の長さの比をできるだけ簡単な整数の比で表しなさい。

$8:12 = 2:3$

$9 \times \dfrac{2}{3} = 6 (cm)$

$12:6 = 2:1$

(2) しゃ線部分の面積を求めなさい。

$12 - 9 = 3 (cm)$
$(3+12) \times 12 \div 2 = 90 (cm^2)$
$8 \times 12 \div 2 \times \dfrac{2}{2+1} = 32 (cm^2)$
$90 - 32 = 58 (cm^2)$

(1)	2：1	(2)	58cm²

実戦力アップ問題 B 解説と答案例

テーマ15 三角形の相似の利用

問題 別冊 57 ページ

56 右の図の台形 ABCD において,AD:BC=3:5 です。辺 AB の真ん中の点を E とし,AC と ED の交点を F とします。
（東京・白百合学園中）

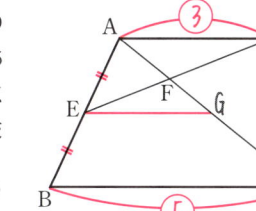

(1) EF:FD の比を求めなさい。

$5 \times \dfrac{1}{2} = 2.5$
$2.5 : 3 = 5 : 6$

(2) 三角形 DAF と三角形 DCF の面積の比を求めなさい。

$6:5:(6+5) = 6:5:11$
$6:(5+11) = 3:8$

---

56 (1) 図のように辺 BC に平行な補助線 EG をひいて考えます。

三角形 AEG と三角形 ABC は相似で,相似比は
　　AE:AB=1:2
より
　　EG:BC=1:2
よって,BC=5 とすると
　　EG=$5 \times \dfrac{1}{2} = 2.5$

また,三角形 EFG と三角形 DFA は相似ですから
　　EF:FD=EG:DA=2.5:3=**5:6**

(2) 三角形 DAF と三角形 DCF の面積の比は,AF:FC と等しくなります。
図において
　　AG:GC=AE:EB=1:1
(1)より
　　AF:FG=DF:FE=6:5
よって
　　AF:FG:GC=6:5:(6+5)=6:5:11
とわかりますから,求める比は
　　AF:FC=6:(5+11)=**3:8**

| (1) | 5:6 | (2) | 3:8 |

第3章 「移動」のワザを身につけよう！

テーマ 1　おうぎ形を組み合わせてできる図形の面積の和

例題

右の図のように直径が重なった2つの半円があります。小さい半円の中心はAで，半径は3cm，大きい半円の中心はBで，半径は4cmです。このとき，しゃ線部分の面積の和は，何cm²ですか。
ただし，円周率は3.14とします。

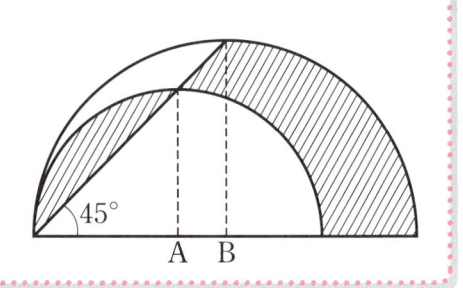

解き方

右の図のように太線の図形を移動させて，しゃ線部分を1か所にまとめて，その面積を求めます。

しゃ線部分を1か所にまとめた図形の面積は，四分円BCEと直角二等辺三角形DBEの面積の和から，直角二等辺三角形FDGの面積をひけばよいことがわかります。

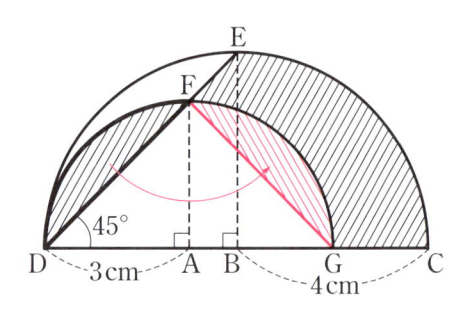

四分円BCEの面積は

$$4 \times 4 \times 3.14 \times \frac{1}{4} = 12.56 (cm^2)$$

直角二等辺三角形DBEの面積は

$$4 \times 4 \div 2 = 8 (cm^2)$$

直角二等辺三角形FDGの面積は

$$6 \times 3 \div 2 = 9 (cm^2)$$

したがって，求める面積は

$$12.56 + 8 - 9 = \mathbf{11.56 (cm^2)}$$

答え

11.56 cm²

知っておこう！

はなれた部分の面積の和を求めるときは，等積移動して1か所にまとめて考えよう。

ポイントチェック

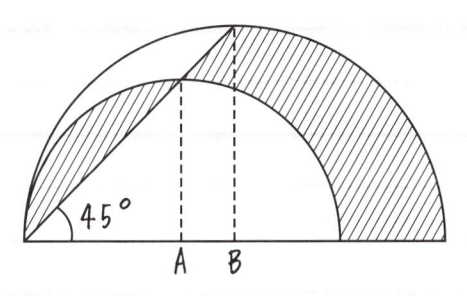

しゃ線部分の面積の和は？

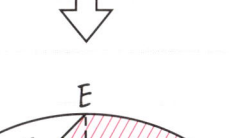

↓

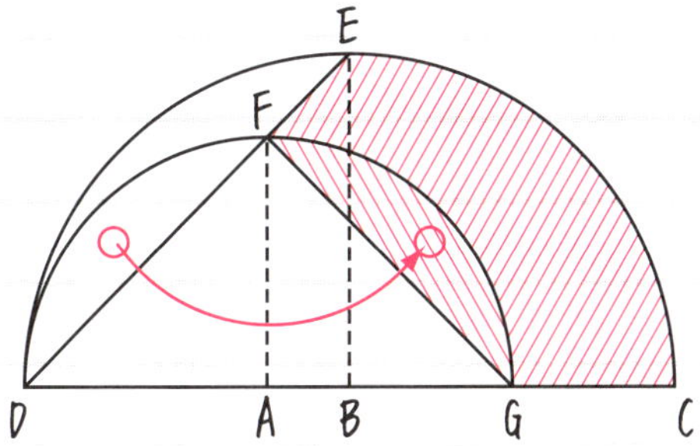

はなれた部分を移動して、1か所にまとめる！

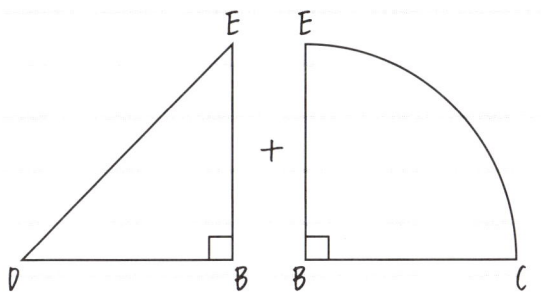

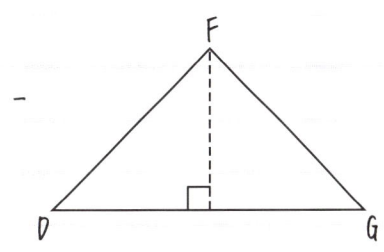

全体の面積 から、いらない部分 をひく！

三角形DBE ＋四分円BCE　　　三角形FDG

実戦力アップ問題 A 解説と答案例

問題 別冊 58 ページ

57 (1) 図のように○印の部分を移動させて考えます。求める面積は，おうぎ形 ABC の面積から直角二等辺三角形 ABD の面積をひいたものになりますから

$$4 \times 4 \times 3.14 \times \frac{45}{360} - 4 \times 2 \div 2$$
$$= 2.28 \,(\mathrm{cm}^2)$$

(2) 図のように○印の部分を移動させて考えます。求める面積は，四分円 ABC の面積から直角二等辺三角形 ABC の面積をひいたものになりますから

$$10 \times 10 \times 3.14 \times \frac{1}{4} - 10 \times 10 \div 2$$
$$= 28.5 \,(\mathrm{cm}^2)$$

(別解) 求める面積は

$$10 \times 10 \times 0.57 \div 2$$
$$= 50 \times 0.57$$
$$= 28.5 \,(\mathrm{cm}^2)$$

---

57 次の問いに答えなさい。

(1) 図は半円とおうぎ形を組み合わせたものです。しゃ線部分の面積を求めなさい。ただし，円周率が必要ならば 3.14 としなさい。　（埼玉・城西川越中）

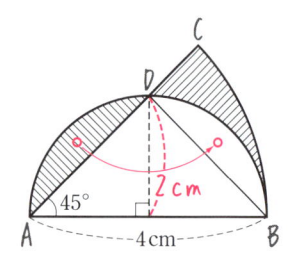

$$4 \times 4 \times 3.14 \times \frac{45}{360} - 4 \times 2 \div 2$$
$$= 2.28 \,(\mathrm{cm}^2)$$

(2) 右の図の 1 辺が 10cm の正方形とおうぎ形を組み合わせた図形のしゃ線部分の面積は □ cm² です。□ にあてはまる数を求めなさい。ただし，円周率は 3.14 とします。　（神奈川・相模女子大中学部）

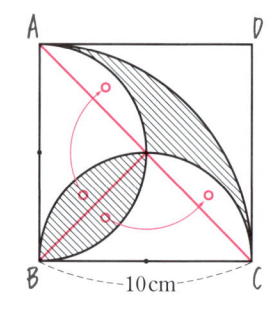

$$10 \times 10 \times 3.14 \times \frac{1}{4} - 10 \times 10 \div 2$$
$$= 28.5 \,(\mathrm{cm}^2)$$

(1)	2.28 cm²	(2)	28.5

実戦力アップ問題 B 解説と答案例

58 下の図において,点A,Bは半円の中心です。しゃ線部分の面積の合計は □ cm² です。□ にあてはまる数を求めなさい。ただし,円周率は3.14とします。
（東京都市大付中）

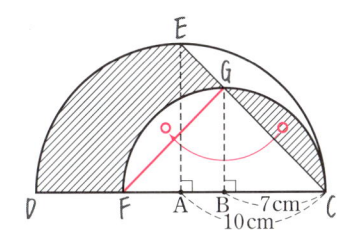

$$10 \times 10 \times 3.14 \times \frac{1}{4} + 10 \times 10 \div 2 - 14 \times 7 \div 2$$
$$= 79.5 \,(\text{cm}^2)$$

58 図のように○印の部分を移動させて考えます。

求める面積は,四分円DAEと直角二等辺三角形ACEの面積の和から,直角二等辺三角形FCGの面積をひいたものになりますから

$$10 \times 10 \times 3.14 \times \frac{1}{4} + 10 \times 10 \div 2 - 14 \times 7 \div 2$$
$$= \mathbf{79.5} \,(\text{cm}^2)$$

79.5

テーマ 2　三角形を回転させてできる図形の面積

例題

右の図は，直角三角形ABCの頂点Cを中心として90度回転させたものです。しゃ線部分の面積を求めなさい。ただし，円周率は3.14とします。

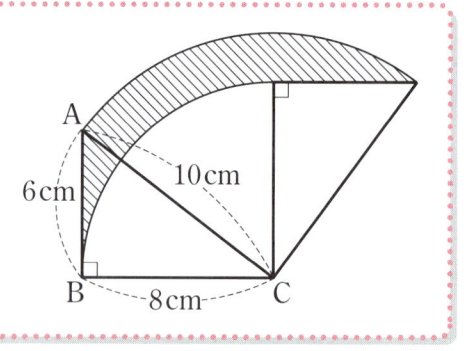

解き方

⑦の部分を⑦に移す（等積移動）と，しゃ線部分の面積は，**2つのおうぎ形CADとCPQの面積の差**に等しいことがわかります。したがって，求める面積は

$$10 \times 10 \times 3.14 \times \frac{1}{4} - 8 \times 8 \times 3.14 \times \frac{1}{4}$$
$$= (25 - 16) \times 3.14$$
$$= 28.26 \,(\text{cm}^2)$$

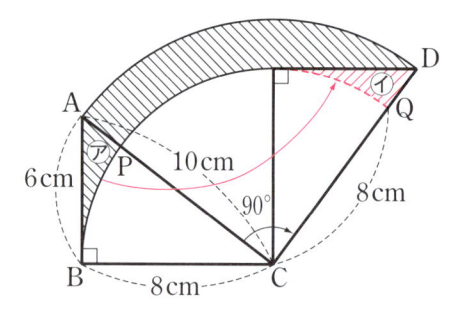

答え

28.26cm²

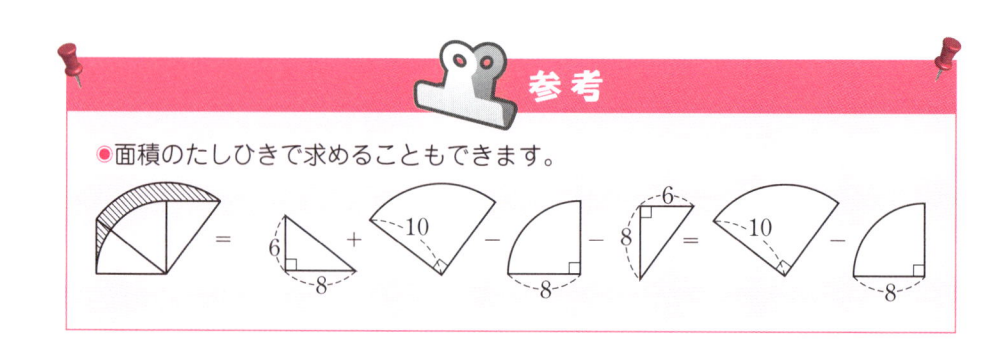

参考

● 面積のたしひきで求めることもできます。

ポイントチェック

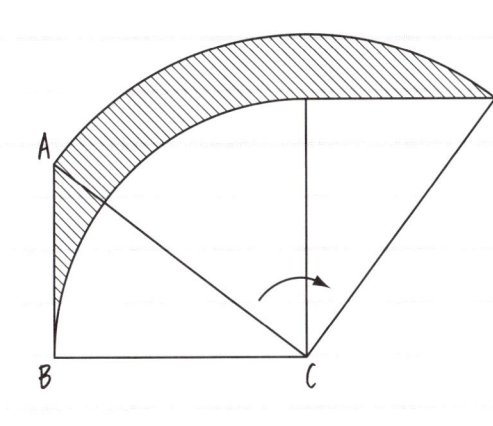

しゃ線部分の面積は？

大きいおうぎ形の外にあるⓐの部分をⓑの部分に移動する！

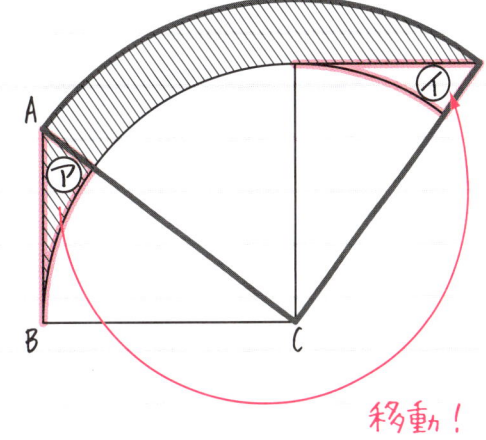

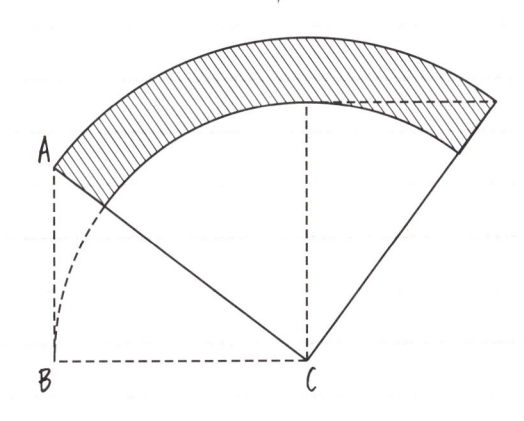

移動！

大きいおうぎ形の面積から小さいおうぎ形の面積をひく！

別冊 60〜61ページ
「実戦力アップ問題」にチャレンジ！

実戦力アップ問題 A 解説と答案例

59 図のように㋐の部分を㋑に移すと，しゃ線部分の面積は2つのおうぎ形ACC′とAPQの面積の差に等しいことがわかります。したがって，求める面積は

$15 \times 15 \times 3.14 \times \dfrac{60}{360} - 9 \times 9 \times 3.14 \times \dfrac{60}{360}$

$= (225 - 81) \times \dfrac{1}{6} \times 3.14$

$= 24 \times 3.14$

$= \mathbf{75.36 \ (cm^2)}$

---

59 図は，直角三角形ABCを点Aを中心にして60度回転させたものです。

このとき，しゃ線部分の面積は，□ cm² です。□にあてはまる数を求めなさい。

ただし，円周率は3.14とします。

（埼玉・開智中）

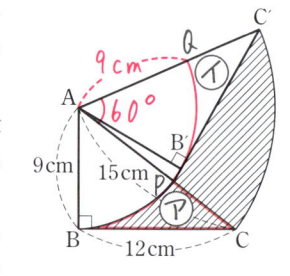

$15 \times 15 \times 3.14 \times \dfrac{60}{360}$

$\qquad\qquad -9 \times 9 \times 3.14 \times \dfrac{60}{360}$

$= (225 - 81) \times \dfrac{1}{6} \times 3.14$

$= 24 \times 3.14$

$= 75.36 \ (cm^2)$

75.36

実戦力アップ問題 B 解説と答案例

60 下の図のように，角の大きさが30度，60度，90度の三角形ABCが頂点Cを中心にして回転し三角形DECの位置にきたとき，辺ABと辺CEは平行になりました。
（北海道・函館ラ・サール中）

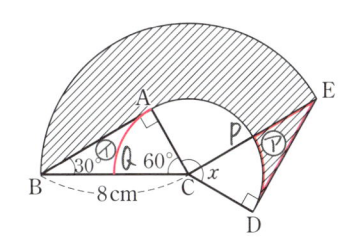

(1) 角 x の大きさは何度ですか。

$$90° + 60° = 150°$$

(2) 辺BCの長さが8cmのとき，しゃ線部分の面積は何 cm² ですか。ただし，円周率は3.14とします。

$$8 \div 2 = 4 \text{(cm)}$$

$$8 \times 8 \times 3.14 \times \frac{150}{360}$$

$$\qquad\qquad -4 \times 4 \times 3.14 \times \frac{150}{360}$$

$$= (64 - 16) \times \frac{5}{12} \times 3.14$$

$$= 20 \times 3.14$$

$$= 62.8 \text{(cm}^2\text{)}$$

| (1) | 150度 | (2) | 62.8 cm² |

---

60 (1) ABとCEが平行ですから
　　角ACE＝角BAC＝90°
また
　　角ECD＝角BCA＝60°
より
　　角 x ＝角ACE＋角ECD
　　　　＝90°＋60°＝**150°**

(2) 直角三角形ABCは正三角形の半分の形ですから
　　AC＝8÷2＝4(cm)
になります。
図のように㋐の部分を㋑に移すと，しゃ線部分の面積は2つのおうぎ形CBEとCQPの面積の差に等しいことがわかります。
　　角BCE＝60°＋90°＝150°
ですから，求める面積は

$$8 \times 8 \times 3.14 \times \frac{150}{360} - 4 \times 4 \times 3.14 \times \frac{150}{360}$$

$$= (64 - 16) \times \frac{5}{12} \times 3.14$$

$$= 20 \times 3.14$$

$$= \mathbf{62.8 (cm^2)}$$

テーマ 3 おうぎ形の中の図形の面積

例題

右の図のような半径 6cm のおうぎ形があります。しゃ線部分の面積は何 cm² ですか。ただし，円周率は 3.14 とします。

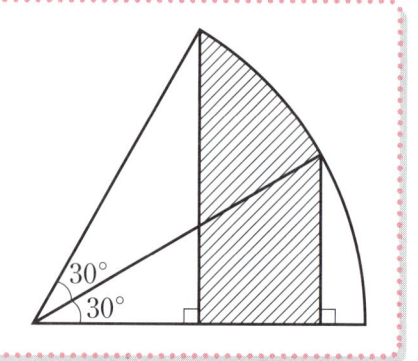

解き方

右の図で，OC＝OA＝6cm，角 COD＝角 OAB＝30°，角 OCD＝角 AOB＝60° より，三角形 OCD と三角形 AOB は合同ですから，面積も等しく

　　　㋐＋㋒＝㋑＋㋒

になります。よって

　　　㋐＝㋑

より，㋐の部分を㋑に移す（等積移動）と，しゃ線部分の面積は，おうぎ形 AOC の面積に等しいことがわかります。

したがって，求める面積は

$$6 \times 6 \times 3.14 \times \frac{30}{360} = 9.42 \text{(cm}^2\text{)}$$

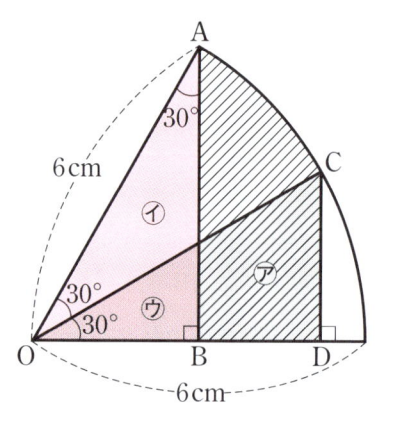

答え

9.42cm²

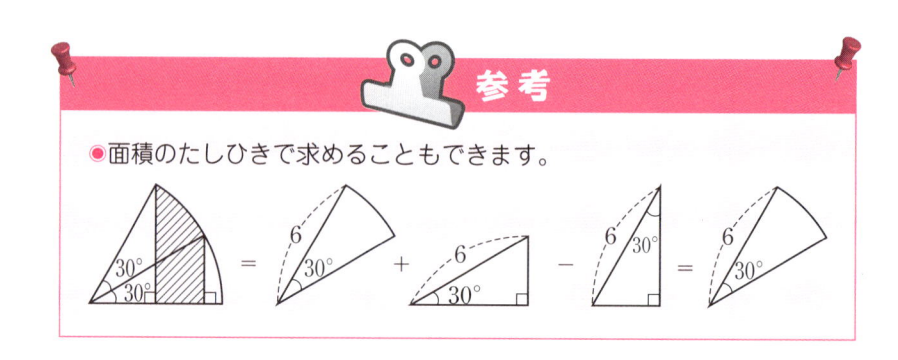

参考

● 面積のたしひきで求めることもできます。

ポイントチェック

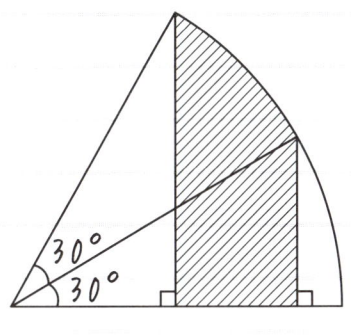

しゃ線部分の面積は？

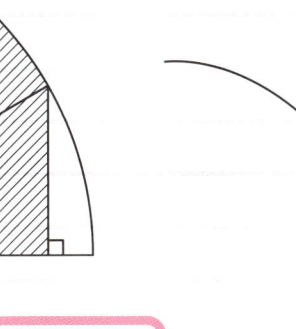

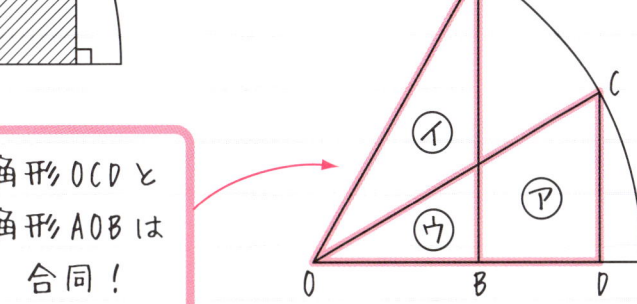

三角形OCDと三角形AOBは合同！

ア + ウ = イ + ウ
 重なり　　重なり

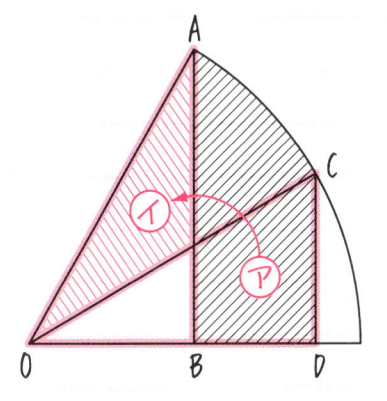

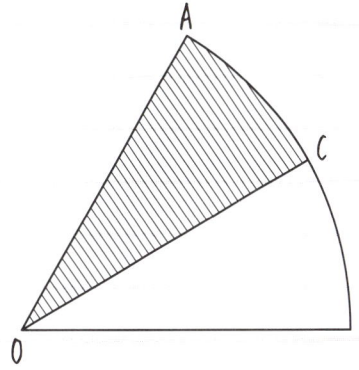

ア = イ

アの部分をイの部分に移動する！

結局, おうぎ形AOCの面積を求めればよい！

別冊 62〜63ページ 「実戦力アップ問題」にチャレンジ！

実戦力アップ問題 A 解説と答案例

問題 別冊 62 ページ

[61] 図で
角 OAB＝180°－(90°＋40°＋25°)＝25°
角 OCD＝180°－(90°＋25°)＝65°
角 AOB＝25°＋40°＝65°

よって
OC＝AO＝9cm
角 COD＝角 OAB＝25°
角 OCD＝角 AOB＝65°

ですから，三角形 OCD と三角形 AOB は合同で，面積も等しく，㋐＋㋒＝㋑＋㋒になります。

よって，㋐＝㋑より，㋐の部分を㋑に移すと，しゃ線部分の面積はおうぎ形 AOC の面積に等しいことがわかります。したがって，求める面積は

$$9 \times 9 \times 3.14 \times \frac{40}{360} = 28.26 \,(\text{cm}^2)$$

[61] 右の図のおうぎ形のしゃ線部分の面積は□cm²です。□にあてはまる数を求めなさい。
ただし，円周率は 3.14 とします。 （東京・富士見中）

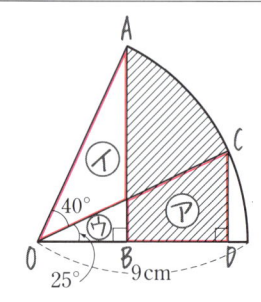

$9 \times 9 \times 3.14 \times \dfrac{40}{360} = 28.26\,(cm^2)$

28.26

実戦力アップ問題 B 解説と答案例

問題 別冊 63 ページ

62 図のような，半径が6cmで，中心角が80度のおうぎ形OACがあり，ABとDCは平行です。このとき，弧BCと3つの直線CD，DA，ABで囲まれた部分（しゃ線部分の図形）の面積は □ cm²です。□にあてはまる数を求めなさい。ただし，円周率は3.14とします。

（東京・城北中）

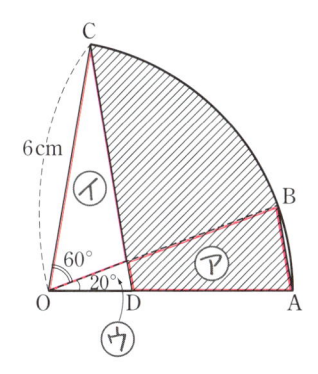

$$6 \times 6 \times 3.14 \times \frac{60}{360} = 18.84 \text{(cm}^2\text{)}$$

答 18.84

62 図で，三角形OABは二等辺三角形で
  角OAB＝角OBA＝(180°−20°)÷2
              ＝80°
ABとDCは平行ですから
  角ODC＝角OAB＝80°
  角OCD＝180°−(80°＋80°)＝20°
よって
  OA＝CO＝6cm
  角OAB＝角COD＝80°
  角AOB＝角OCD＝20°
ですから，三角形OABと三角形CODは合同で，面積も等しく，㋐＋㋒＝㋑＋㋒になります。
よって，㋐＝㋑より，㋐の部分を㋑に移すと，しゃ線部分の面積は，おうぎ形COBの面積に等しいことがわかります。
したがって，求める面積は

$$6 \times 6 \times 3.14 \times \frac{60}{360} = 18.84 \text{(cm}^2\text{)}$$

テーマ 4 底辺と高さがわからない三角形の面積①

例題

右の図で，三角形 ABC と三角形 ADE は直角三角形です。

三角形 ADC の面積は何 cm² ですか。

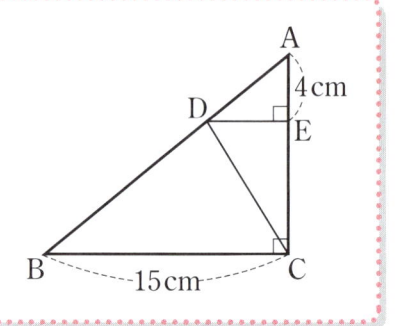

解き方

DE の長さ，または，EC の長さがわかっていませんから，相似形を利用することはできません。

そこで，等積変形を利用することができないか考えてみます。
└─知っておこう！参照

DE と BC は平行ですから，右の図のように，三角形 DCE の面積を三角形 DBE に移すことができます。

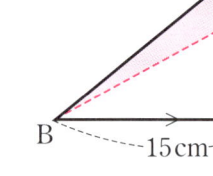

したがって

　　三角形 ADC の面積
　＝三角形 ADE の面積＋三角形 DCE の面積
　＝三角形 ADE の面積＋三角形 DBE の面積
　＝三角形 ABE の面積
　＝4×15÷2
　＝30（cm²）

と求めることができます。

答え

30cm²

知っておこう！

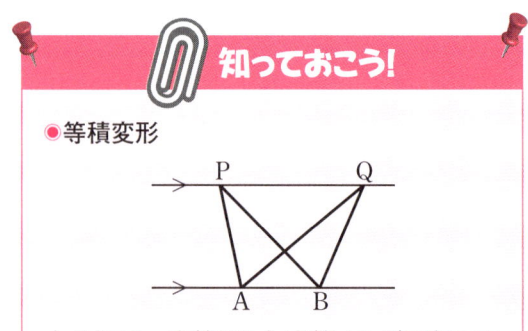

● 等積変形

上の図で，直線 PQ と直線 AB が平行であるとき，三角形 PAB と三角形 QAB の面積は等しい。

ポイントチェック

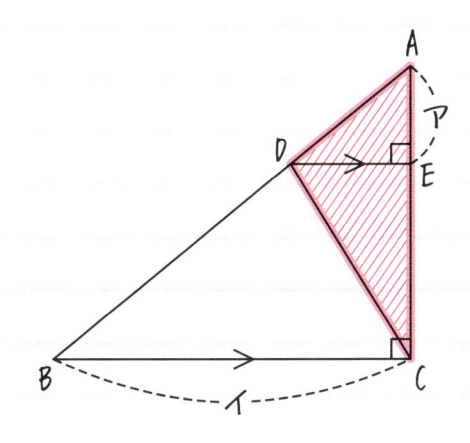

左の図で，アとイの長さだけがわかっているとき，三角形ADCの面積は？

ここに補助線をひく！

DEとBCは平行だから三角形DCEの面積を三角形DBEに移す！

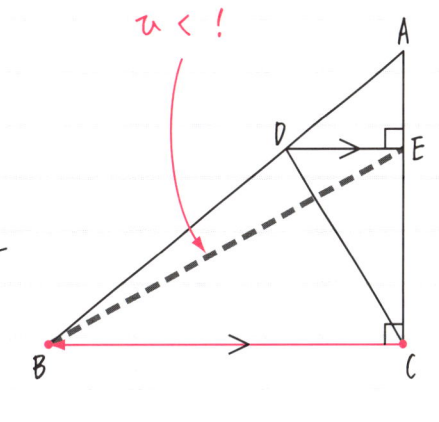

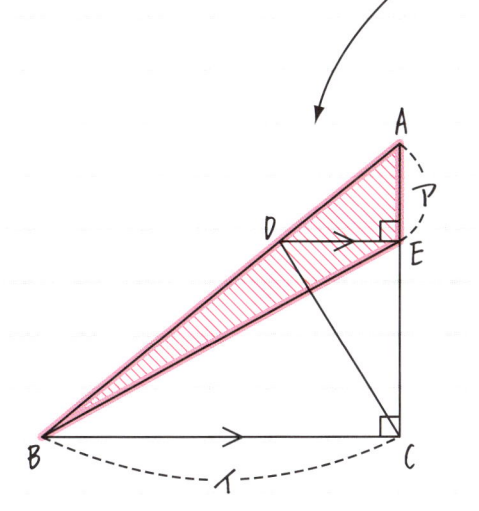

三角形ABEの面積を求めればよい。

ア × イ ÷ 2
↑　　↑
底辺　高さ

別冊 64～65ページ
「実戦力アップ問題」にチャレンジ！

実戦力アップ問題 A 解説と答案例

問題 別冊 64ページ

63 DEとBCは平行ですから，三角形EDBの面積を三角形EDCに移すことができます。

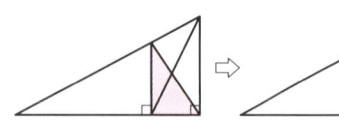

したがって
　三角形ABEの面積
＝三角形ADEの面積＋三角形EDBの面積
＝三角形ADEの面積＋三角形EDCの面積
＝三角形ADCの面積
＝7×5÷2
＝**17.5（cm²）**

63 下の図で，三角形ABCと三角形ADEは直角三角形です。三角形ABEの面積を求めなさい。　（神奈川・逗子開成中）

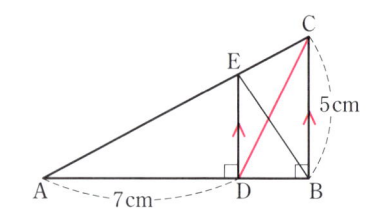

7×5÷2＝17.5（cm²）

17.5cm²

実戦力アップ問題 B 解説と答案例

問題 別冊 65 ページ

64 四角形 ABCD があり，角 B と角 C の大きさは 90 度，辺 AB，BC，CD の長さはそれぞれ 5cm，8cm，7cm です。四角形の中にある点 P と四角形の頂点をつないでできる 4 つの三角形を図のようにア，イ，ウ，エとします。

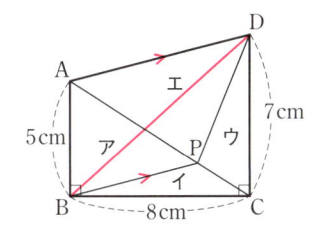

点 P が対角線 AC の上にあり，直線 BP が直線 AD と平行になるとき，ウの面積は何 cm² ですか。　（広島学院中）

$5 \times 8 \div 2 = 20 (\text{cm}^2)$
$7 \times 8 \div 2 = 28 (\text{cm}^2)$
$28 - 20 = 8 (\text{cm}^2)$

答 8 cm²

---

64 ウの面積は，三角形 ACD の面積からエの面積をひいて求めます。

BP と AD は平行ですから，エの面積は三角形 ABD に移すことができます。

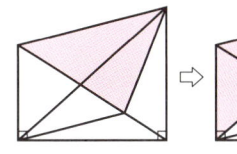

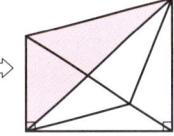

したがって
　エの面積 ＝ 三角形 ABD の面積
　　　　　 ＝ 5 × 8 ÷ 2
　　　　　 ＝ 20 (cm²)

また，三角形 ACD の面積は
　7 × 8 ÷ 2 ＝ 28 (cm²)

よって，ウの面積は
　28 − 20 ＝ **8 (cm²)**

テーマ 5　底辺と高さがわからない三角形の面積②

例題

右の図で，しゃ線部分の面積は何cm²ですか。

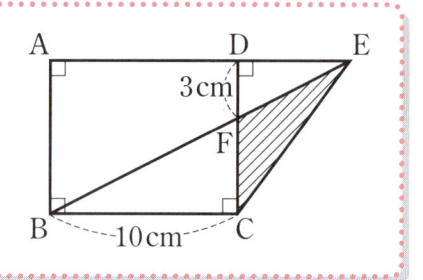

解き方

右の図のように2点B, Dを結んで考えます。

AEとBCは平行ですから，三角形DBCと三角形EBCの面積は等しくなります。

これと

　　三角形DBF＝三角形DBC－三角形FBC

　　三角形EFC＝三角形EBC－三角形FBC

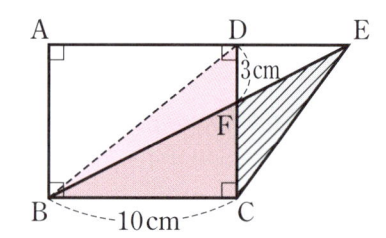

より，**三角形DBFと三角形EFCの面積は等しくなる**ことがわかります。したがって，しゃ線部分の面積は

　　$3 \times 10 \div 2 = $ **15(cm²)**

答え

15cm²

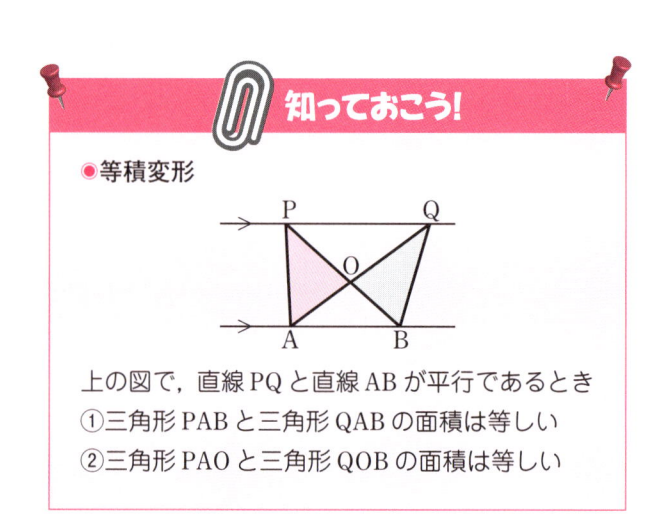

知っておこう！

● 等積変形

上の図で，直線PQと直線ABが平行であるとき
① 三角形PABと三角形QABの面積は等しい
② 三角形PAOと三角形QOBの面積は等しい

ポイントチェック

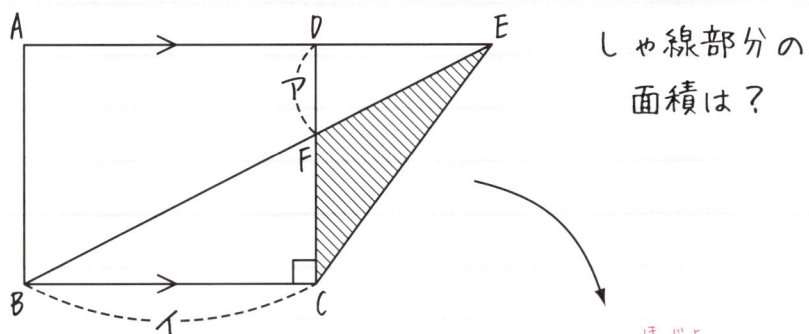

しゃ線部分の面積は？

ここに補助線をひく！

AEとBCは平行だから
三角形EBCの面積を
三角形DBCに移す！

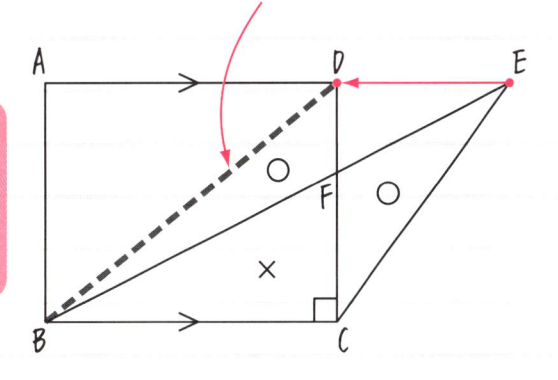

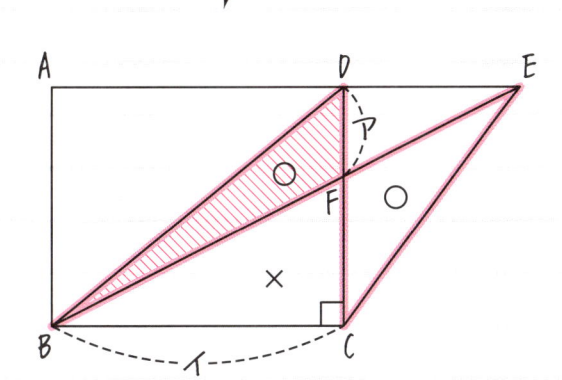

三角形DBFの面積を求めればよい。

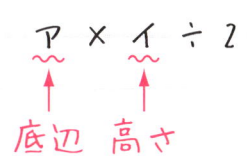

ア × イ ÷ 2
↑　　↑
底辺　高さ

別冊 66〜67ページ
「実戦力アップ問題」
にチャレンジ！

実戦力アップ問題 A 解説と答案例

問題 別冊 66ページ

65 ABとCEは平行ですから，三角形ABEと三角形ABDの面積は等しくなります。

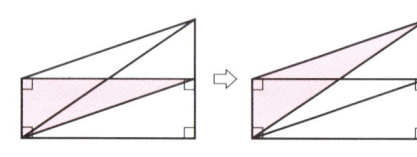

これと
　三角形AFE＝三角形ABE－三角形ABF
　三角形BDF＝三角形ABD－三角形ABF
より，三角形AFEと三角形BDFの面積は等しくなることがわかります。したがって，アとイの部分の面積の差は三角形BCDの面積になることがわかりますから
　6×2÷2＝**6(cm²)**

65 下の図で，しゃ線をひいたアとイの部分の面積の差を求めなさい。
（埼玉・浦和明の星女子中）

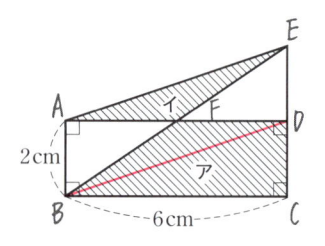

$6 × 2 ÷ 2 = 6 (cm^2)$

$6 cm^2$

実戦力アップ問題 B 解説と答案例

66 太線三角形の面積が24cm²であるとき,しゃ線部分の面積は何cm²ですか。
（大阪・帝塚山学院泉ヶ丘中）

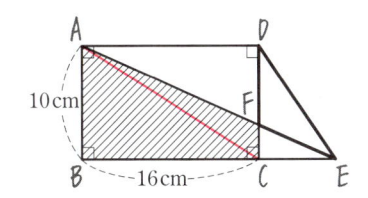

$16 \times 10 \div 2 + 24 = 104 (cm^2)$

66 ADとBEは平行ですから,三角形ACEと三角形DCEの面積は等しくなります。

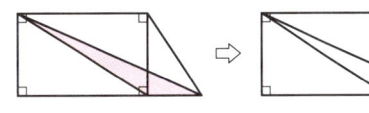

これと
　三角形ACF＝三角形ACE－三角形FCE
　三角形DFE＝三角形DCE－三角形FCE
より,三角形ACFと三角形DFEの面積は等しくなることがわかります。したがって
　しゃ線部分の面積
　＝三角形ABC＋三角形ACF
　＝三角形ABC＋三角形DFE
　＝16×10÷2＋24
　＝104(cm²)

104cm²

テーマ 6 面積から長さを求める

例題

右の図は，面積が 85cm² の長方形 ABCD の辺 AD 上に点 E，辺 CD 上に点 F をとり，三角形 EBF をかいたものです。三角形 EBF の面積が 36.5cm²，AE の長さが 4cm のとき，CF の長さを求めなさい。

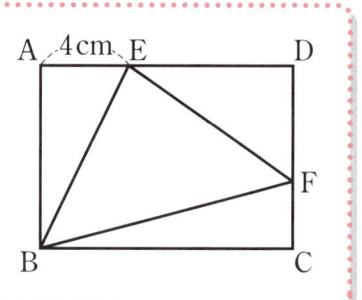

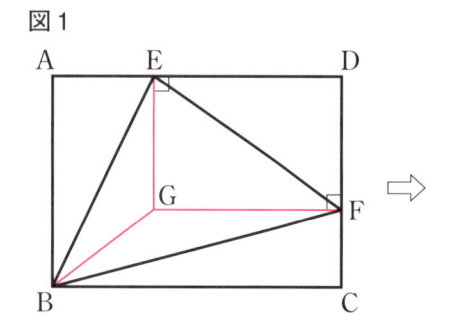

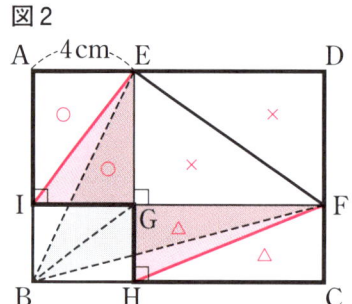

解き方

図1　図2

上の図1のように，四角形 EGFD が長方形になるように点 G をとり，**三角形 EBF を3つの三角形に分けます**。

次に，図2のように**三角形 EBG を三角形 EIG に，三角形 GBF を三角形 GHF に等積変形**します。○どうし，×どうし，△どうしの面積は等しいですから，図2の太線で囲まれた部分の面積は

$$36.5 \times 2 = 73 \text{(cm}^2\text{)}$$

したがって，長方形 IBHG の面積は

$$85 - 73 = 12 \text{(cm}^2\text{)}$$

ですから，CF の長さ（＝ GH の長さ）は

$$12 \div 4 = 3 \text{(cm)}$$

答え

3cm

ポイントチェック

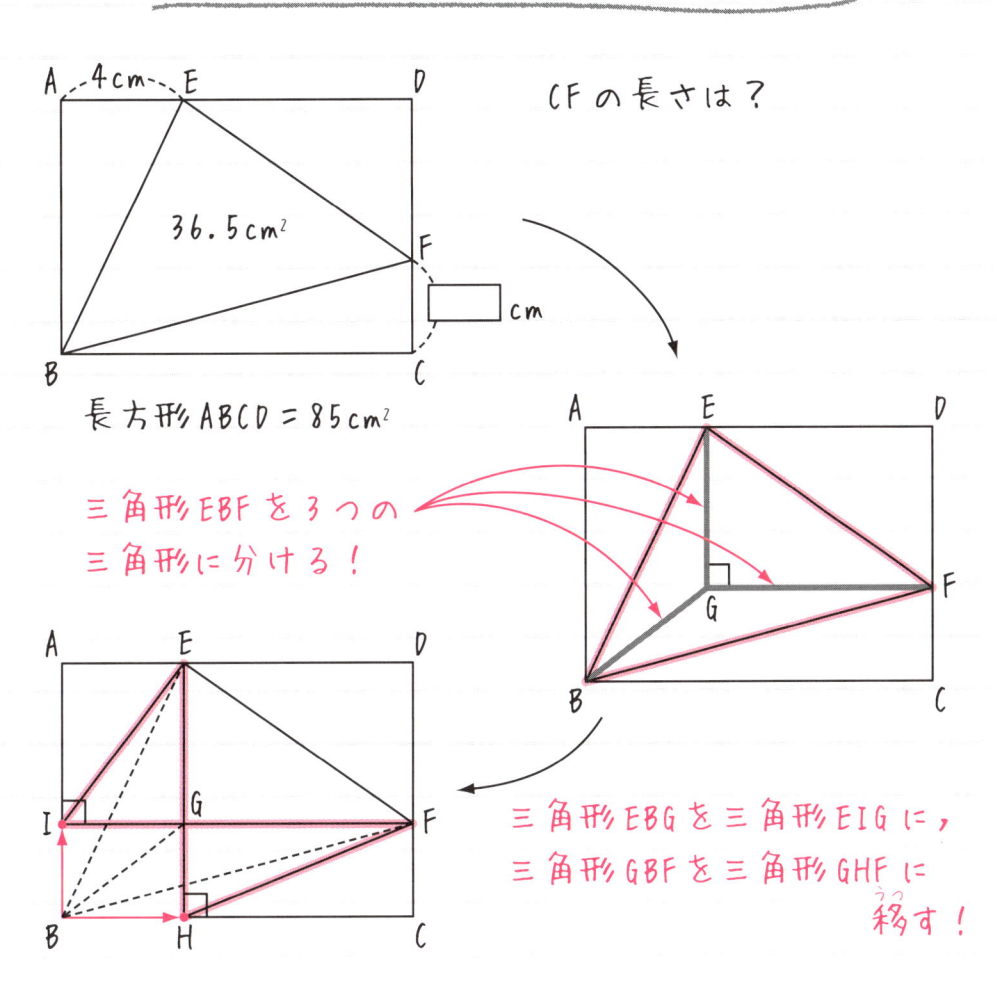

CFの長さは？

長方形ABCD = 85cm²

三角形EBFを3つの三角形に分ける！

三角形EBGを三角形EIGに，三角形GBFを三角形GHFに移す！

しゃ線部分の面積は，長方形ABCDの面積から，三角形EBFの面積の2倍をひいて求められる！

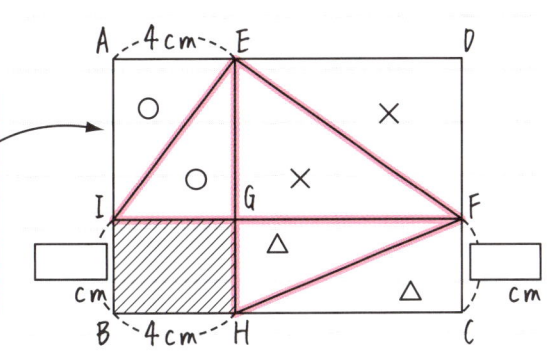

別冊 68〜69ページ
「実戦力アップ問題」にチャレンジ！

実戦力アップ問題 A 解説と答案例

67 図1のように，四角形EBFGが長方形になるように点Gをとり，三角形EFDを3つの三角形に分けます。
次に図2のように，三角形EGDを三角形EGHに，三角形FDGを三角形FIGに等積変形すると，○どうし，×どうし，△どうしの面積は等しくなりますから，長方形HGIDの面積は

$120-50\times 2=20(cm^2)$

したがって，AEの長さ（＝HGの長さ）は

$20\div 5=4(cm)$

---

67 右の図は，面積が120cm²の長方形ABCDの辺AB上に点E，辺BC上に点Fをとり三角形EFDをかいたものです。三角形EFDの面積が50cm²，FCの長さが5cmのとき，AEの長さを求めなさい。
（東京・かえつ有明中）

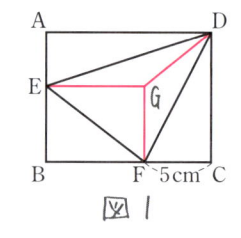

図1

$120-50\times 2$
$=20(cm^2)$
$20\div 5=4(cm)$

図2

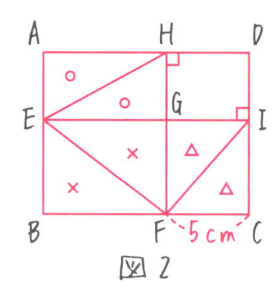

4 cm

実戦力アップ問題 B 解説と答案例

68 図は面積が127cm²の長方形ABCDです。辺BEの長さが6cmで、しゃ線部分の三角形の面積が50cm²のとき、辺DFの長さを求めなさい。

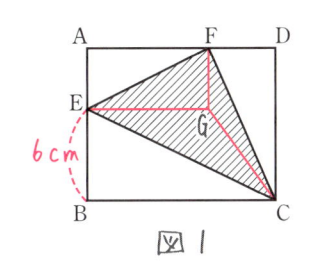

（京都女子中）

$127 - 50 \times 2 = 27 (cm^2)$
$27 \div 6 = 4.5 (cm)$

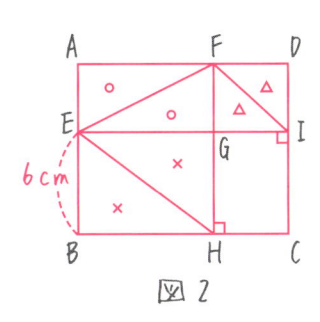

68 図1のように、四角形AEGFが長方形になるように点Gをとり、三角形ECFを3つの三角形に分けます。

次に図2のように、三角形ECGを三角形EHGに、三角形FGCを三角形FGIに等積変形すると、○どうし、×どうし、△どうしの面積は等しくなりますから、長方形GHCIの面積は

$127 - 50 \times 2 = 27 (cm^2)$

したがって、DFの長さ（＝IGの長さ）は

$27 \div 6 = \mathbf{4.5 (cm)}$

4.5 cm

テーマ 7　向かい合う三角形の面積の和

例題

右の図で、四角形 BDEC、ACFG は正方形です。
　　DE＝6cm，EF＝9cm
のとき、三角形 ABC と三角形 CEF の面積の和は何 cm² ですか。

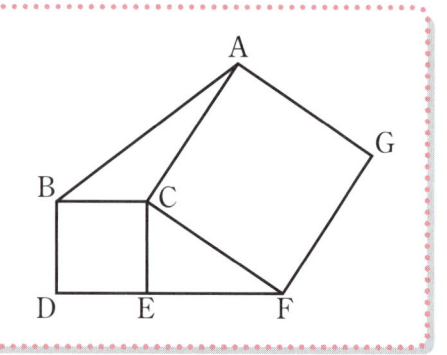

解き方

右の図のように、三角形 CEF を C を中心として 90°回転させると、三角形 ACH の位置にきます。
（○＋●＝180°より、3点 B，C，H は一直線上にあります。）

したがって、三角形 ABC の底辺は BC で 6cm、高さは AH で 9cm になりますから、**三角形 ABC と三角形 CEF の面積の和は、三角形 CEF の面積の2倍と等しくなります。**

よって、求める面積は
　　6×9÷2×2＝**54(cm²)**

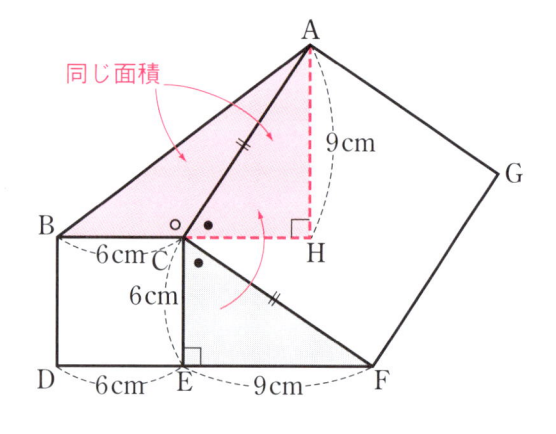

答え

54cm²

参考

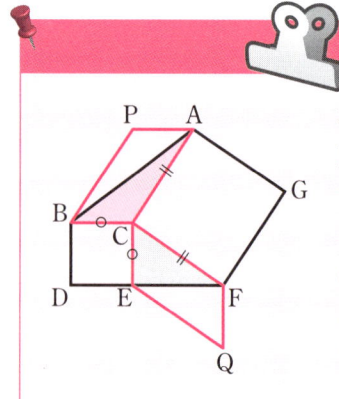

左の図の2つの平行四辺形 PBCA、EQFC は合同（対応する辺と角の大きさがそれぞれ等しい）ですから、このことからも三角形 ABC と三角形 CEF の面積は等しいことがわかります。

ポイントチェック

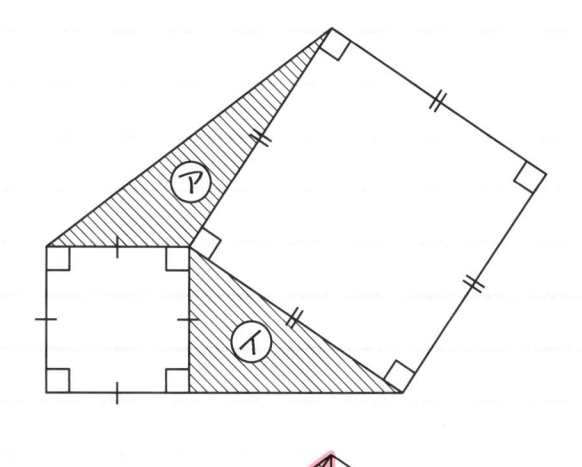

しゃ線部分の面積の和は？

⬇

イを90°回転移動させて1か所にまとめる！

アとイは底辺と高さが等しいから，面積も等しくなる！

三角形 ア と三角形 イ の面積は等しい

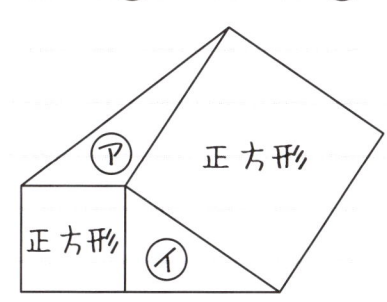

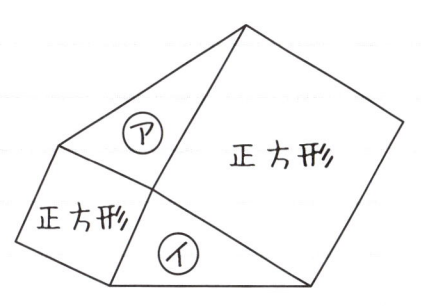

別冊 70〜71ページ
「実戦力アップ問題」にチャレンジ！

実戦力アップ問題 A 解説と答案例

69 (1) 図のように①の三角形を 90°回転させると，⑦の三角形は底辺が 3cm で，高さが 4cm であることがわかります。
（⑦と①の面積は等しくなります。）
したがって，しゃ線部分の面積は
$3 \times 4 \div 2 \times 2 = 12 \text{(cm}^2\text{)}$

(2) 図のように⑦の三角形を 90°回転させると，①の三角形，①の三角形も⑦の三角形と底辺と高さが同じになり，面積も同じになることがわかります。
したがって，4つの三角形⑦，①，⑦，①の面積の和は
$3 \times 4 \div 2 \times 4 = 24 \text{(cm}^2\text{)}$
また，残りの3つの正方形の面積の和は
$3 \times 3 + 4 \times 4 + 5 \times 5 = 50 \text{(cm}^2\text{)}$
よって，六角形 DEFGHI の面積は
$24 + 50 = 74 \text{(cm}^2\text{)}$

---

69 次の問いに答えなさい。

(1) 右の図において，しゃ線部分の面積は何 cm² ですか。ただし，曲線はすべて点 O を中心とする円周の一部であるものとします。
（大阪・近畿大附中）

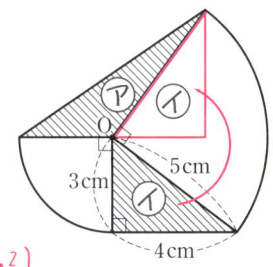

$3 \times 4 \div 2 \times 2 = 12 \text{(cm}^2\text{)}$

(2) 下の図の六角形 DEFGHI の面積は何 cm² ですか。ただし，四角形 ADEB，四角形 BFGC，四角形 ACHI はすべて正方形です。
（東京・明治大付中野中）

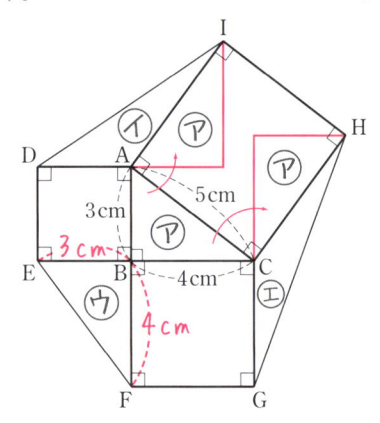

$3 \times 4 \div 2 \times 4 = 24 \text{(cm}^2\text{)}$
$3 \times 3 + 4 \times 4 + 5 \times 5 = 50 \text{(cm}^2\text{)}$
$24 + 50 = 74 \text{(cm}^2\text{)}$

(1)	12 cm²	(2)	74 cm²

実戦力アップ問題 B 解説と答案例

問題 別冊 71 ページ

70 しゃ線の3つの正三角形を取りのぞいて，白い三角形3つを図2のようにくっつけて考えます。図2の角AEBと角BECと角CEDの大きさの和は，図1より

$$360° - 60° \times 3 = 180°$$

になりますから，図2の図形は台形になることがわかります。この台形ABCDの面積は

$$(4+3) \times (3+3) \div 2 = 21 (\text{cm}^2)$$

三角形ABE，CEDの面積はそれぞれ

$$3 \times 4 \div 2 = 6 (\text{cm}^2)$$
$$3 \times 3 \div 2 = 4.5 (\text{cm}^2)$$

になりますから，三角形(あ)の面積は

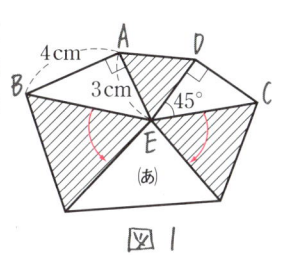

$$21 - (6 + 4.5) = \mathbf{10.5 (cm^2)}$$

第4章 「作図力」をみがこう！

テーマ 1　犬が動けるはん囲の面積

例題

右の図のように，たて1m，横3mの長方形の小屋があります。小屋のすみAから1mはなれたEに長さ3mのロープで犬がつながれています。小屋の外で犬が動けるはん囲の面積は何m²ですか。ただし，円周率は3.14とします。

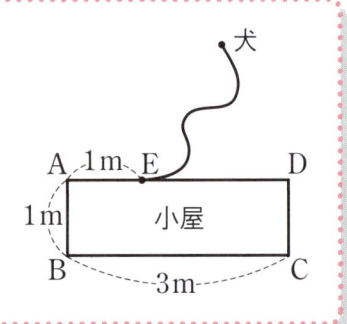

解き方

犬が動けるはん囲は，右の図のようになり，
　Eを中心とする半径3mの半円，
　Aを中心とする半径2mの四分円，
　Bを中心とする半径1mの四分円，
　Dを中心とする半径1mの四分円
の，4つの部分に分けて考えます。

したがって，求める面積は

$$3 \times 3 \times 3.14 \times \frac{1}{2} + 2 \times 2 \times 3.14 \times \frac{1}{4}$$

$$+ 1 \times 1 \times 3.14 \times \frac{1}{4} \times 2$$

$$= \left(\frac{9}{2} + 1 + \frac{1}{2}\right) \times 3.14 \quad \leftarrow 知っておこう！参照$$

$$= 6 \times 3.14$$

$$= 18.84 (m^2)$$

答え

18.84m²

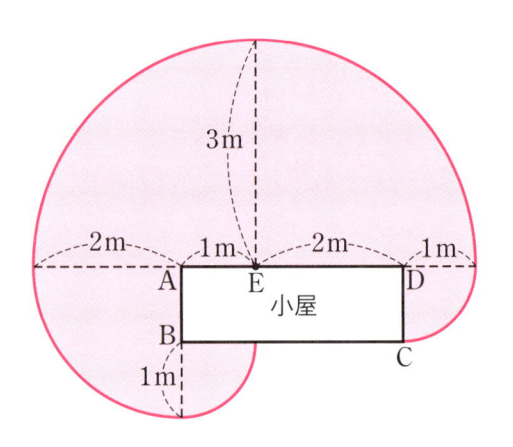

知っておこう！

● 3.14が式に何度も出てくるときは，3.14でくくって，式をまとめ
　□ × 3.14
の形にしてから計算しましょう。

ポイントチェック

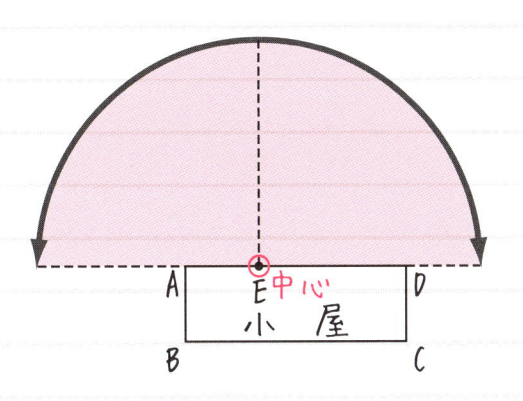

① ロープをピーンとのばした状態で動くから、まず半円ができる！

② 角ではロープが曲がるから、AやDを中心とした四分円ができる！

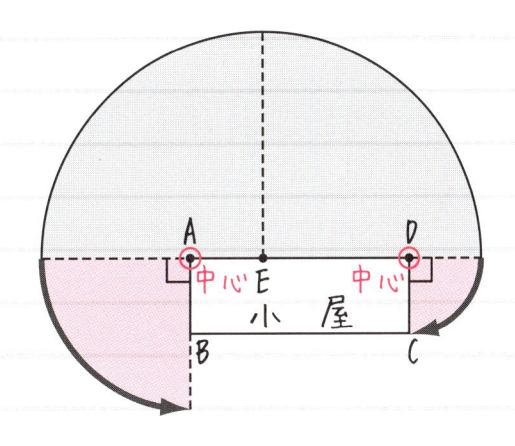

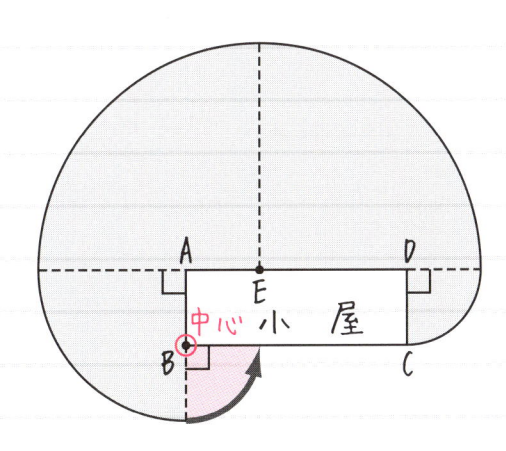

③ 最後にBを中心とした四分円ができる！

ロープが巻きつくごとに半径が短くなっていくことに注意！

別冊 72〜73ページ 「実戦力アップ問題」にチャレンジ！

実戦力アップ問題 A 解説と答案例

問題 別冊 72ページ

71 牛が動けるはん囲は，図の色のついた部分になります。

正五角形の1つの外角は
　　$360° \div 5 = 72°$
半径50mの半円が1つ，
半径40mで中心角72°のおうぎ形が2つ，
半径20mで中心角72°のおうぎ形が2つ
ですから，求める面積は

$$50 \times 50 \times 3.14 \times \frac{1}{2}$$
$$+ 40 \times 40 \times 3.14 \times \frac{72}{360} \times 2$$
$$+ 20 \times 20 \times 3.14 \times \frac{72}{360} \times 2$$
$$= (1250 + 640 + 160) \times 3.14$$
$$= 2050 \times 3.14$$
$$= \mathbf{6437 (m^2)}$$

---

71 図のような1辺の長さが20mの正五角形のさくがあり，点Mの位置に長さ50mのロープにつながれた牛がいます。このさくの外側で牛が自由に動きまわれるはん囲の面積は何m²ですか。

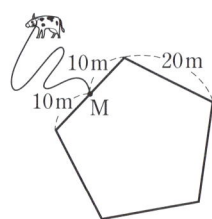

ただし，円周率は3.14とし，牛の大きさは考えないものとします。

（愛知・南山中女子部）

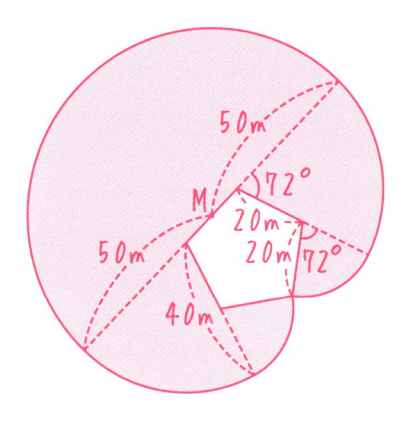

$360° \div 5 = 72°$

$50 \times 50 \times 3.14 \times \frac{1}{2}$
$+ 40 \times 40 \times 3.14 \times \frac{72}{360} \times 2$
$+ 20 \times 20 \times 3.14 \times \frac{72}{360} \times 2$
$= (1250 + 640 + 160) \times 3.14$
$= 2050 \times 3.14$
$= 6437 (m^2)$

6437 m²

実戦力アップ問題 B 解説と答案例

72 犬が動けるはん囲はそれぞれ図の色のついた部分になります。

(ア) 半径12mの半円が1つ,
半径8mの四分円が2つ,
半径4mの四分円が2つ
ですから, 求める面積は

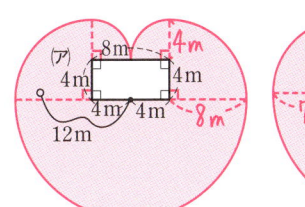

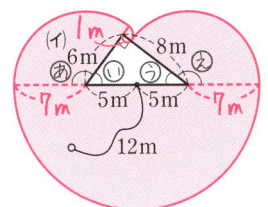

$$12 \times 12 \times 3.14 \times \frac{1}{2} + 8 \times 8 \times 3.14 \times \frac{1}{4} \times 2$$
$$+ 4 \times 4 \times 3.14 \times \frac{1}{4} \times 2$$
$$= (72 + 32 + 8) \times 3.14 = 112 \times 3.14$$
$$= 351.68 (\text{m}^2)$$

(イ) 半径7mのおうぎ形の中心角あ, えのそれぞれを求めることはできませんが,
あ+えの角の和を求めることができます。

$$ あ + い + う + え = 180° \times 2 = 360°$$

直角三角形の内角の和より

$$ い + う = 180° - 90° = 90°$$

よって

$$ あ + え = 360° - 90° = 270°$$

とわかります。
したがって, 犬が動けるはん囲は
半径12mの半円が1つ,
半径7mのおうぎ形が2つ(中心角の和は270°),
半径1mの四分円が1つ
ですから, 求める面積は

$$12 \times 12 \times 3.14 \times \frac{1}{2} + 7 \times 7 \times 3.14 \times \frac{270}{360}$$
$$+ 1 \times 1 \times 3.14 \times \frac{1}{4}$$
$$= \left(72 + \frac{147}{4} + \frac{1}{4}\right) \times 3.14$$
$$= 109 \times 3.14$$
$$= 342.26 (\text{m}^2)$$

| (ア) | 351.68 m² | (イ) | 342.26 m² |

テーマ 2　三角形の転がり

例題

右の図のように，1辺4cmの正方形があり，その周りを1辺4cmの正三角形ABCがすべることなく回転して，㋐の位置から㋑の位置まで移動します。点Bが動いたあとにできる線の長さは何cmですか。ただし，円周率は3.14とします。

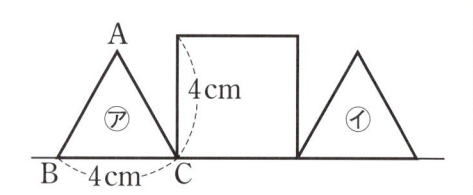

解き方

点Bが動いたあとにできる線は，右の図の色の線のようになります。

角 a ＝ 角 c ＝ 90°−60°＝30°

角 b ＝ 360°−(60°+90°)
　　　＝210°

色の線の長さは，半径4cm，中心角 (30°+210°+30°＝)270° の弧の長さに等しくなりますから　←半径が等しい場合，中心角は合計して考える

$$4 \times 2 \times 3.14 \times \frac{270}{360}$$

＝18.84(cm)

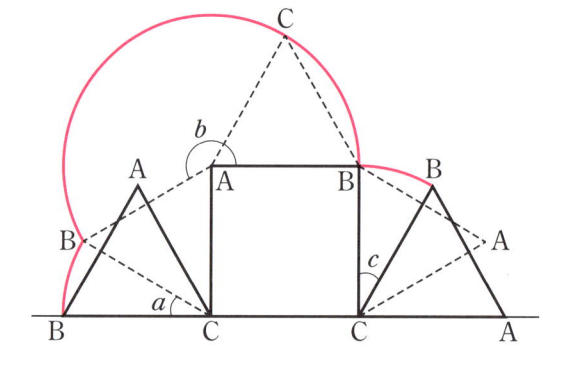

答え

18.84cm

知っておこう！

● 三角形や四角形の転がり

直線図形が転がるときは，中心を変えながら，回転移動をくり返す。

中心を変えるとき（落ち着くとき）の図（上の図の点線の三角形）をかくことと，それぞれの回転移動の中心を考えて，ていねいに作図することが大切です。

ポイントチェック

☆ 作図の手順

① 点Cを中心とする 30°の回転

② 点Aを中心とする 210°の回転

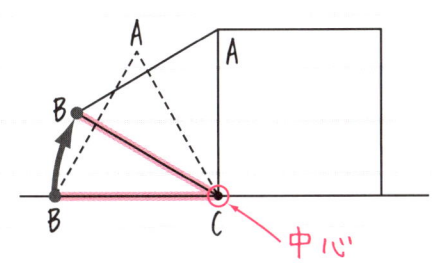

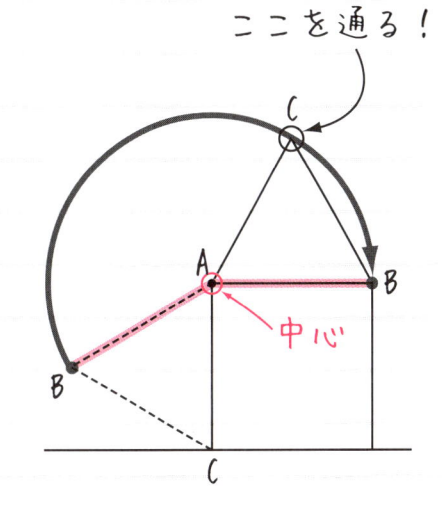

ここを通る！

③ 点Bを中心とする 210°の回転 （点Bは動かない）

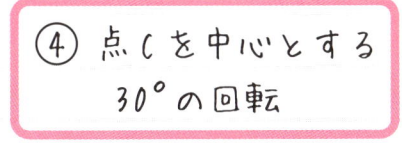

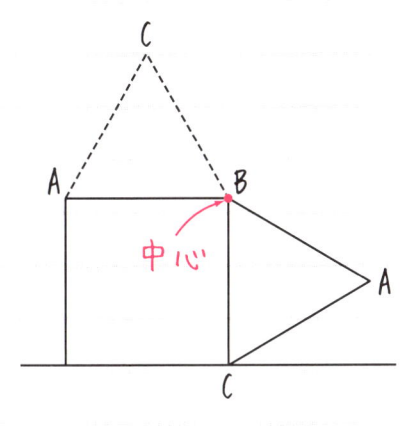

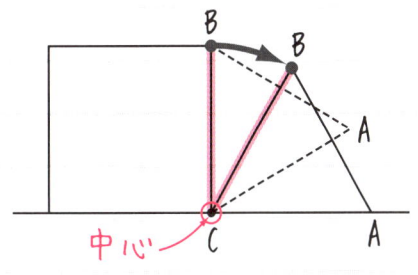

④ 点Cを中心とする 30°の回転

実戦力アップ問題 A 解説と答案例

問題 別冊 74ページ

73 (1) 台と接する辺は順に，CA，AB，BC，CA になるので，答えのようになります。

(2) 点Bが動いたあとにできる線は図のようになり，半径が3cmで，中心角が
$$120° \times 2 + 60° = 300°$$
のおうぎ形の弧の長さに等しくなりますから，求める長さは
$$3 \times 2 \times 3.14 \times \frac{300}{360} = \mathbf{15.7 (cm)}$$

---

73 下の図のように，台の上のあの位置に1辺の長さが3cmの正三角形ABCがあります。この三角形を，矢印の向きに，すべらないように回転させて，ⓘの位置まで移動させます。

(埼玉・浦和明の星女子中)

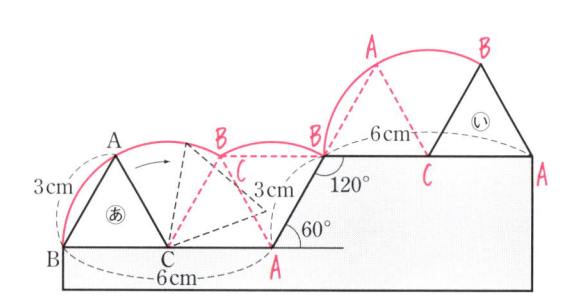

(1) 正三角形ABCがⓘの位置にきたときの頂点A，B，Cの位置を，下の図に書きこみなさい。

(2) 頂点Bが動いたあとにできる線の長さは何cmですか。ただし，円周率は3.14として計算しなさい。

$$120° \times 2 + 60° = 300°$$
$$3 \times 2 \times 3.14 \times \frac{300}{360} = 15.7 (cm)$$

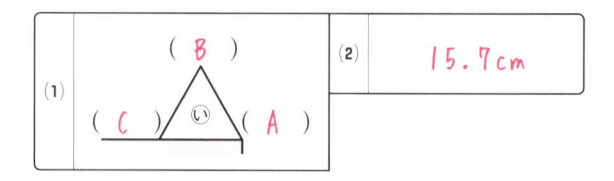

(1) 頂点B が上，C が左下，A が右下

(2) 15.7cm

実戦力アップ問題 B 解説と答案例

74

1辺の長さが10cmの正五角形の周りに、1辺の長さが10cmの正三角形ABCを㋐の位置からすべることなく矢印の向きに回転させました。

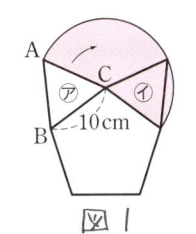

これについて、次の問いに答えなさい。ただし、円周率は3.14とします。

(東京・世田谷学園中)

図1

(1) ㋑の位置にはじめてきたとき、辺ACが通ったあとの図形の面積は何cm²ですか。小数第2位を四捨五入して答えなさい。

$360° - (60° + 108°) = 192°$

$10 \times 10 \times 3.14 \times \dfrac{192}{360} = 167.46\cdots$

→ 167.5 cm²

(2) 1周してはじめて㋐の位置にもどりました。このとき、頂点Aが動いたあとの線の長さは何cmですか。

$10 \times 2 \times 3.14 \times \dfrac{192}{360} \times 3$
$= 100.48 \text{(cm)}$

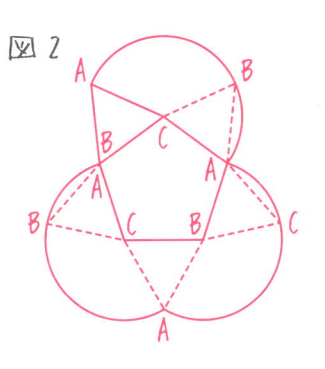

図2

74

(1) ㋑の位置にはじめてきたとき、辺ACが通ったあとの図形は、図1の色のついた部分のおうぎ形になります。

このおうぎ形の中心角は（正五角形の1つの内角の大きさは108°ですから）

$360° - (60° + 108°) = 192°$

よって、求める面積は

$10 \times 10 \times 3.14 \times \dfrac{192}{360} = 167.46\cdots$

小数第2位を四捨五入して、**167.5cm²** になります。

(2) 1周したとき、頂点Aが動いたあとの線は、図2のように、3つのおうぎ形の弧になります。これらのおうぎ形の中心角はすべて192°ですから、求める長さは

$10 \times 2 \times 3.14 \times \dfrac{192}{360} \times 3$
$= \mathbf{100.48(cm)}$

---

(1)	167.5 cm²	(2)	100.48 cm

テーマ 3 長方形の転がり

例題

下の図のように，長方形 ABCD が直線 ℓ 上を㋐の位置から㋑の位置まですべらないで転がります。このとき，点 D が動いたあとの線の長さは何 cm ですか。ただし，AB＝8cm，BC＝6cm，AC＝10cm とし，円周率は 3.14 とします。

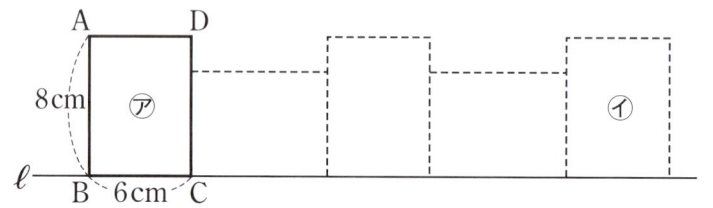

解き方

点 D が動いたあとの線は，下の図のようになります。

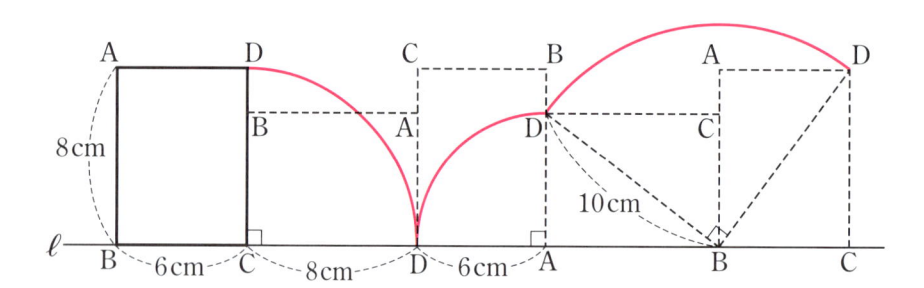

その長さは，**半径が 8cm，6cm，10cm の四分円の弧の長さの和になります**から

$$8 \times 2 \times 3.14 \times \frac{1}{4} + 6 \times 2 \times 3.14 \times \frac{1}{4} + 10 \times 2 \times 3.14 \times \frac{1}{4}$$
$$= (4+3+5) \times 3.14$$
$$= 37.68 \text{(cm)}$$

答え

37.68cm

ポイントチェック

☆ 作図の手順

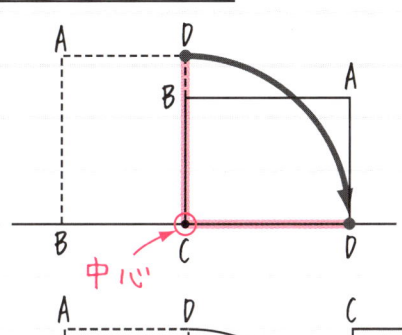

① 点Cを中心とする 90°の回転

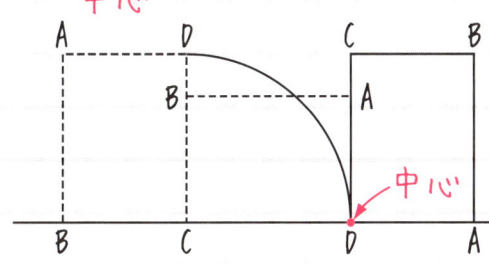

② 点Dを中心とする 90°の回転 （点Dは動かない）

③ 点Aを中心とする 90°の回転

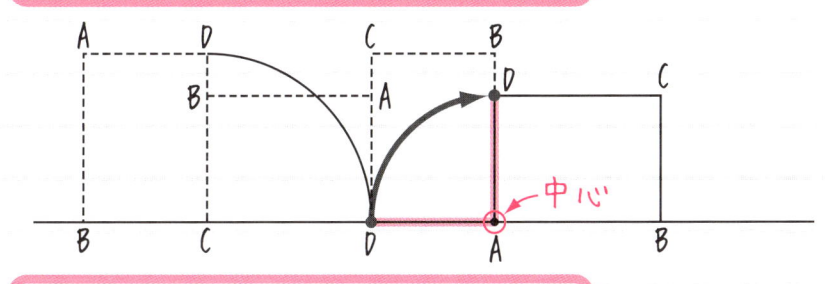

④ 点Bを中心とする 90°の回転

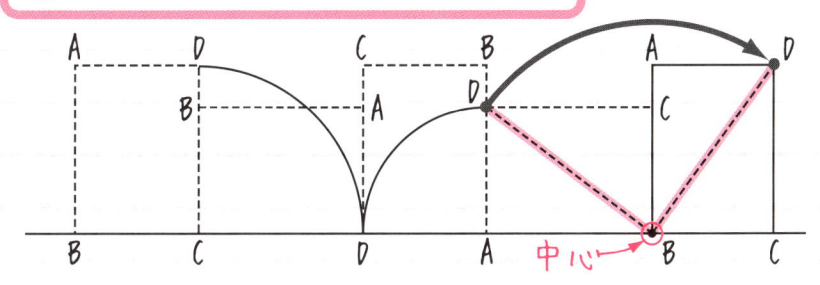

別冊 76〜77ページ 「実戦力アップ問題」にチャレンジ！

実戦力アップ問題 A 解説と答案例

75 点Aが動いたあとの線は図のようになり，その長さは半径が3cm，5cm，4cmの四分円の弧の長さの和になりますから

$$3\times 2\times 3.14\times \frac{1}{4}+5\times 2\times 3.14\times \frac{1}{4}$$
$$+4\times 2\times 3.14\times \frac{1}{4}$$
$$=\left(\frac{3}{2}+\frac{5}{2}+2\right)\times 3.14$$
$$=6\times 3.14$$
$$=\mathbf{18.84(cm)}$$

---

75 図1のような長方形ABCDがあります。この長方形ABCDを図2のように直線ℓ上をすべらないように転がしていきます。再び辺ABが直線ℓ上にきたところで，転がすのをやめることにします。このとき，点Aが動いたきょりを求めなさい。ただし，AB＝3cm，BC＝4cm，AC＝5cmとし，円周率は3.14とします。

（神奈川・浅野中）

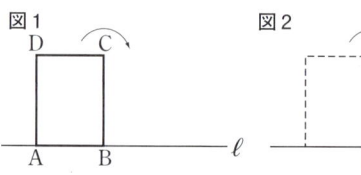

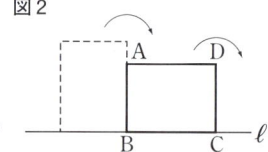

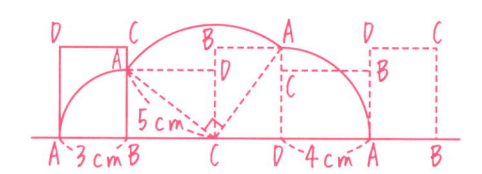

$$3\times 2\times 3.14\times \frac{1}{4}+5\times 2\times 3.14\times \frac{1}{4}$$
$$+4\times 2\times 3.14\times \frac{1}{4}$$
$$=\left(\frac{3}{2}+\frac{5}{2}+2\right)\times 3.14$$
$$=6\times 3.14$$
$$=18.84(cm)$$

18.84cm

実戦力アップ問題 B 解説と答案例

76 長方形ABCDが図の左の位置から台形の上をすべらずに回転しながら動き，右の長方形の位置まで移動しました。このとき，頂点Aが動いたあとの曲線の長さは何cmですか。円周率は3.14とします。

（神奈川・慶應普通部）

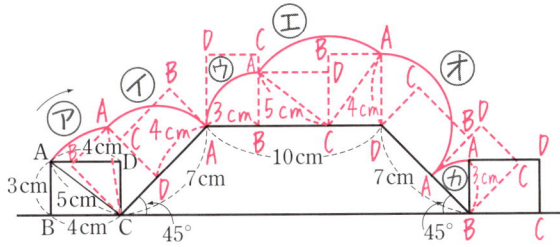

76 点Aが動いたあとの線は図のようになります。

半径が5cmのおうぎ形の弧は㋐と㋓があり，それぞれのおうぎ形の中心角は45°，90°ですから，㋐と㋓の弧の長さの和は

$$5 \times 2 \times 3.14 \times \frac{45+90}{360} = 3.75 \times 3.14 \,(\text{cm})$$

半径が4cmのおうぎ形の弧は㋑と㋔があり，㋑のおうぎ形の中心角は90°，㋔のおうぎ形の中心角は(90°+45°=)135°ですから，㋑と㋔の弧の長さの和は

$$4 \times 2 \times 3.14 \times \frac{90+135}{360} = 5 \times 3.14 \,(\text{cm})$$

半径が3cmのおうぎ形の弧は㋒と㋕があり，それぞれのおうぎ形の中心角は90°，45°ですから，㋒と㋕の弧の長さの和は

$$3 \times 2 \times 3.14 \times \frac{90+45}{360} = 2.25 \times 3.14 \,(\text{cm})$$

したがって，求める長さは

$$(3.75+5+2.25) \times 3.14 = \mathbf{34.54\,(cm)}$$

$5 \times 2 \times 3.14 \times \dfrac{45+90}{360}$
$= 3.75 \times 3.14 \,(cm)$
$4 \times 2 \times 3.14 \times \dfrac{90+135}{360} = 5 \times 3.14 \,(cm)$
$3 \times 2 \times 3.14 \times \dfrac{90+45}{360}$
$= 2.25 \times 3.14 \,(cm)$
$(3.75+5+2.25) \times 3.14 = 34.54 \,(cm)$

34.54 cm

テーマ 4 円の転がり①

例題

右の図のように，半径2cmの円A，B，Cをくっつけた図形があり，半径2cmの円Pが，この図形の外側にふれながらまわりをちょうど1周します。円Pの中心が動いたあとの線の長さは何cmですか。ただし，円周率は3.14とします。

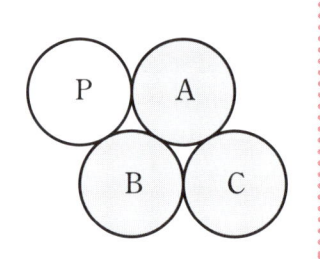

解き方

円Pの中心が動いたあとの線は，右の図のようになります。

半径が(2+2=)4cmの半円3つ分になりますから，求める長さは

$$4 \times 2 \times 3.14 \times \frac{1}{2} \times 3$$

$$= 37.68 \text{(cm)}$$

答え

37.68cm

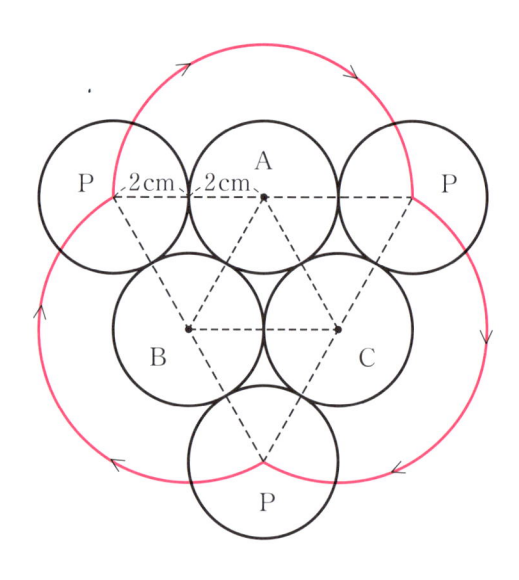

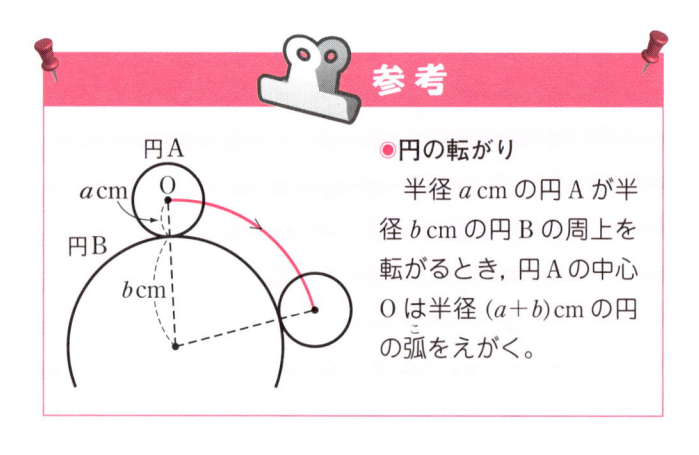

参考

●円の転がり

半径 a cm の円Aが半径 b cm の円Bの周上を転がるとき，円Aの中心Oは半径 $(a+b)$ cm の円の弧をえがく。

ポイントチェック

☆ 作図の手順

① まず、PがAのまわりをCにふれるまで回ったときの中心が動いたあとの線をかく。

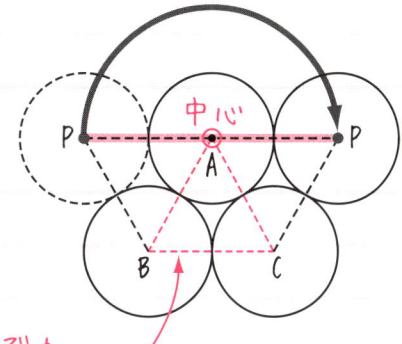

円が3個くっついたとき、それぞれの中心を結ぶと、正三角形になる！

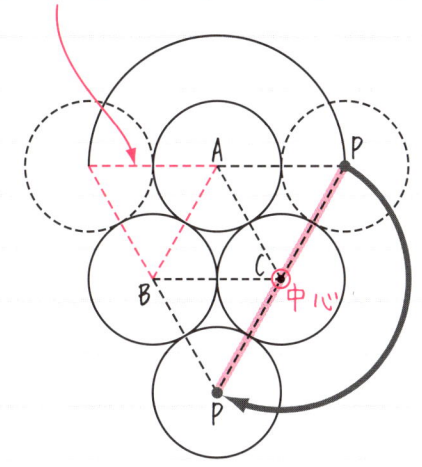

② 次に、PがCのまわりをBにふれるまで回ったときの中心が動いたあとの線をかく。

③ 最後に、PがBのまわりをAにふれるまで回ったときの中心が動いたあとの線をかいてできあがり。

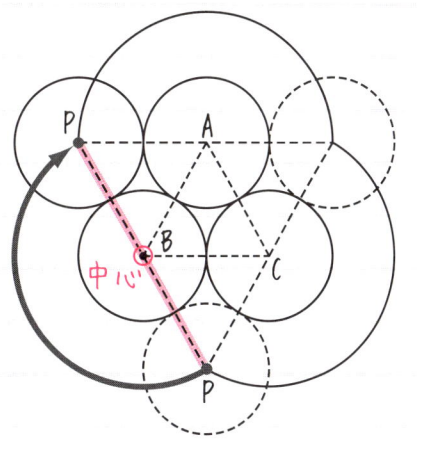

別冊 78〜79ページ
「実戦力アップ問題」にチャレンジ！

実戦力アップ問題 A 解説と答案例

77 円Cの中心が動いたあとの線は図のようになります。どの線も半径が $(5+5=)10$ cm のおうぎ形の弧になり、中心角の和は

$$240°×2+60°×2=600°$$

より、求める長さは

$$10×2×3.14×\frac{600}{360}=\frac{100}{3}×\frac{314}{100}$$

$$=104\frac{2}{3}\text{ (cm)}$$

---

77 下の図のように、半径5cmの3つの円を1列に固定した図形があり、半径5cmの円Cが、この図形の外側にふれながらまわりをちょうど1周します。円Cの中心が動いたきょりは何cmですか。ただし、円周率は3.14とします。　（東京・本郷中）

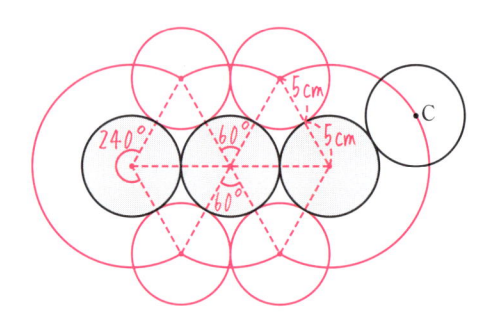

$$240°×2+60°×2=600°$$

$$10×2×3.14×\frac{600}{360}$$

$$=\frac{100}{3}×\frac{314}{100}$$

$$=104\frac{2}{3}\text{ (cm)}$$

$$\boxed{104\frac{2}{3}\text{ cm}}$$

実戦力アップ問題 B 解説と答案例

78 図のように，半径6cmの4個の円がくっついています。これらの円に沿って，そのまわりを同じ半径の円が1周するとき，その円の中心Oが動いたあとの線の長さを求めなさい。ただし，円周率は3.14とします。
（埼玉・立教新座中）

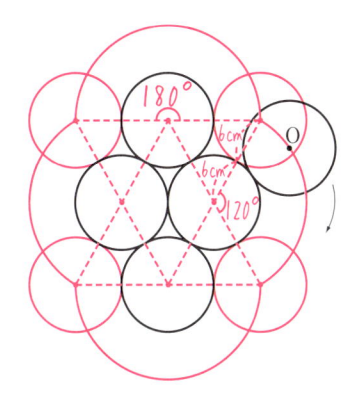

$180°\times 2 + 120°\times 2 = 600°$

$12\times 2\times 3.14\times \dfrac{600}{360} = 40\times 3.14$

$= 125.6\,(\text{cm})$

125.6 cm

---

78 円の中心Oが動いたあとの線は図のようになります。
どの線も半径が $(6+6=)12$ cm のおうぎ形の弧になり，中心角の和は

$$180°\times 2 + 120°\times 2 = 600°$$

より，求める長さは

$$12\times 2\times 3.14\times \dfrac{600}{360} = 40\times 3.14$$
$$= 125.6\,(\text{cm})$$

テーマ 5　円の転がり ②

例題

右の図のような折れ線上を，半径 1cm の円が，A から B まですべらないように転がって移動します。このとき，この円が動いたあとの図形の面積は何 cm² ですか。ただし，円周率は 3.14 とします。

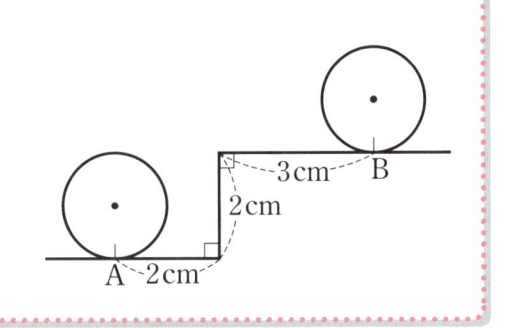

解き方

円が動いたあとの図形を作図すると，右の図の色のついた部分のようになります。

円が通らない部分㋕の面積は，1 辺が 2cm の正方形の面積から半径 1cm の円の面積をひいたものを 4 等分すればよいから

$$(2 \times 2 - 1 \times 1 \times 3.14) \div 4$$
$$= 0.215 (\text{cm}^2)$$

←知っておこう！参照

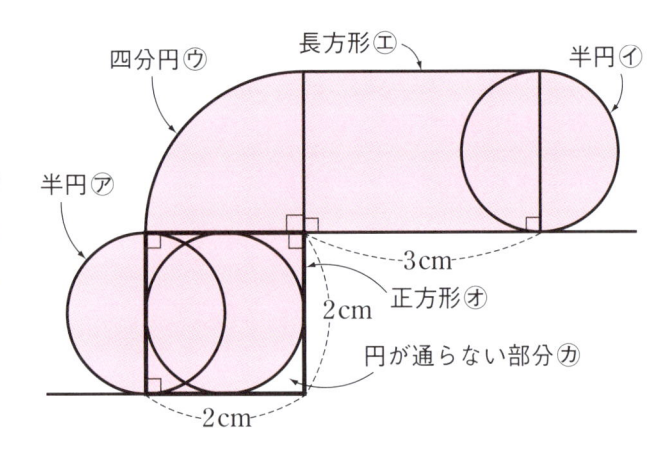

したがって，この円が動いたあとの図形の面積は

$$1 \times 1 \times 3.14 + 2 \times 2 \times 3.14 \times \frac{1}{4} + 2 \times 3 + 2 \times 2 - 0.215$$

　　　㋐+㋑　　　　㋒　　　　　㋓　　㋔　　㋕

$$= 16.065 (\text{cm}^2)$$

答え

16.065cm²

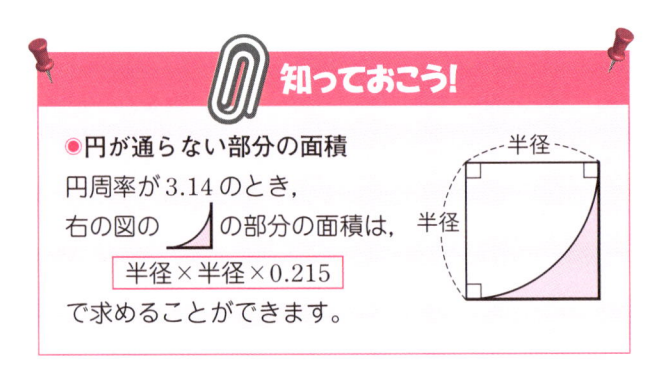

知っておこう！

● 円が通らない部分の面積

円周率が 3.14 のとき，右の図の の部分の面積は，

半径×半径×0.215

で求めることができます。

ポイントチェック

☆ 作図の手順

① 円が直線PQにぶつかるまで移動！

② 円がQまで移動！
（このとき，円の直径と直線QBは一直線になる）

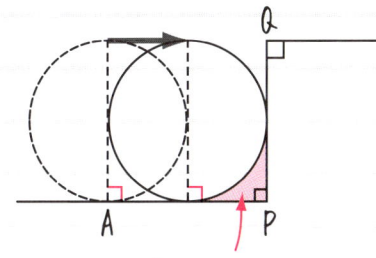

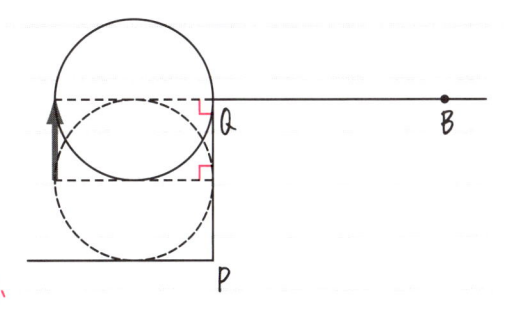

ここは，通らないことに注意

通らない部分の面積＝半径×半径×0.215

③ 円の直径は，Qを中心として，中心角90°のおうぎ形をえがく！

ここが90°になるまで回転する

④ 円がBまで移動！

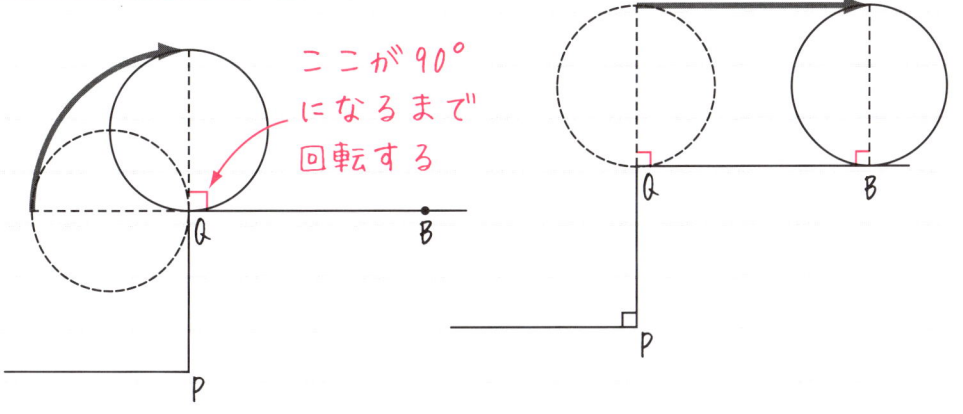

別冊 80〜81ページ
「実戦力アップ問題」にチャレンジ！

実戦力アップ問題 A 解説と答案例

79 円Oが動いたあとの図形は図の色のついた部分になります。

この面積は、半径2cmの半円2つ、半径4cmの四分円2つ、1辺が4cmの正方形3つの面積の和から、円Oが通らない部分あといの面積をひいて求めます。あといの面積の和は

$$2 \times 2 \times 0.215 \times 2 = 1.72 (\text{cm}^2)$$

よって、求める面積は

$$2 \times 2 \times 3.14 \times \frac{1}{2} \times 2$$
$$+ 4 \times 4 \times 3.14 \times \frac{1}{4} \times 2$$
$$+ 4 \times 4 \times 3 - 1.72$$
$$= 83.96 (\text{cm}^2)$$

---

79 下の図の折れ線上を、半径2cmの円Oが、アの位置からイの位置まですべることなく転がりました。円Oが動いたあとの図形の面積は何 cm² ですか。

ただし、円周率は3.14とします。

(智辯学園和歌山中)

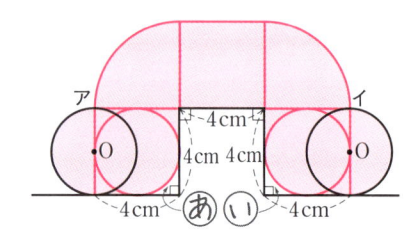

$$2 \times 2 \times 0.215 \times 2 = 1.72 (\text{cm}^2)$$
$$2 \times 2 \times 3.14 \times \frac{1}{2} \times 2$$
$$+ 4 \times 4 \times 3.14 \times \frac{1}{4} \times 2$$
$$+ 4 \times 4 \times 3 - 1.72$$
$$= 83.96 (\text{cm}^2)$$

83.96 cm²

163 テーマ5 円の転がり②

実戦力アップ問題 B 解説と答案例

80 図のように，1辺10cmの正方形から1辺6cmの正方形を切りぬいた図形があります。
この図形の周に沿って外側を半径1cmの円が1周するとき，この円が通った部分の面積を求めなさい。ただし，円周率は3.14とします。

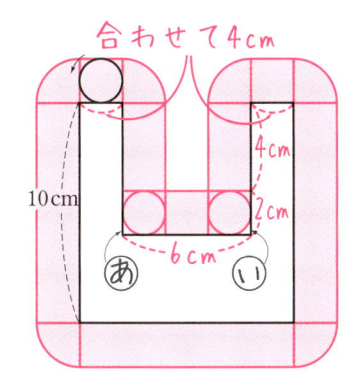

（兵庫・白陵中）

$1 \times 1 \times 0.215 \times 2 = 0.43 (cm^2)$

$2 \times 2 \times 3.14 \times \dfrac{1}{4} \times 6 + 10 \times 2 \times 3$
$\quad + 4 \times 2 \times 2 + 2 \times 6 + 2 \times 4 - 0.43$
$= 114.41 (cm^2)$

答 114.41 cm²

---

80 円が動いたあとの図形は図の色のついた部分になります。この面積は，半径2cmの四分円6つ，たて10cm，横2cmの長方形3つ，たて4cm，横2cmの長方形2つ，たて2cm，横6cmの長方形，たて2cm，横4cmの長方形の面積の和から，円が通らない部分あといの面積をひいて求めます。あといの面積の和は

$1 \times 1 \times 0.215 \times 2 = 0.43 (cm^2)$

よって，求める面積は

$2 \times 2 \times 3.14 \times \dfrac{1}{4} \times 6 + 10 \times 2 \times 3$
$\quad + 4 \times 2 \times 2 + 2 \times 6 + 2 \times 4 - 0.43$
$= 114.41 (cm^2)$

テーマ 6 おうぎ形の転がり

例題

右の図のように，直線 ℓ 上を，半径 12cm，中心角 60° のおうぎ形 OAB が⑦の位置から，⑦の位置まで，すべらないように転がりました。このとき，次の問いに答えなさい。ただし，円周率は 3.14 とします。

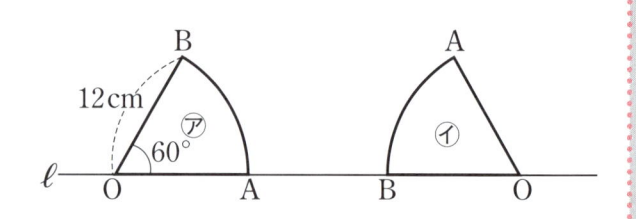

(1) おうぎ形 OAB の中心 O が動いたあとの線の長さは何 cm ですか。
(2) (1)の線と直線 ℓ とで囲まれた部分の面積は何 cm² ですか。

解き方

(1) おうぎ形の動きは，まず，点 A を中心にして，**OA が直線 ℓ と垂直になるまで 90° 回転**します。次に，弧 AB と直線 ℓ がふれることになりますから，円が転がる場合と同様で，その**中心 O は直線 ℓ と平行に弧 AB の長さと同じだけ移動**します。最後に点 B を中心にして，**OB が直線 ℓ に重なるまで 90° 回転**します。したがって，中心 O が動いたあとの線の長さは

$$12 \times 2 \times 3.14 \times \frac{90}{360} \times 2 + 12 \times 2 \times 3.14 \times \frac{60}{360} = 16 \times 3.14 = \mathbf{50.24 (cm)}$$

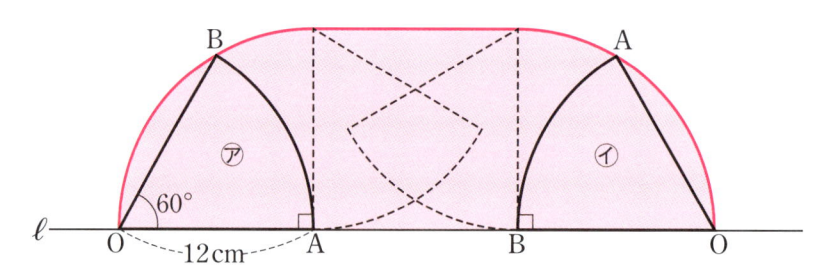

(2) 上の図より，半径 12cm の四分円 2 つと，たて 12cm で，横は弧 AB の長さと同じ長方形を組み合わせた図形になりますから，その面積は

$$12 \times 12 \times 3.14 \times \frac{1}{4} \times 2 + 12 \times \left(12 \times 2 \times 3.14 \times \frac{60}{360}\right) = 120 \times 3.14 = \mathbf{376.8 (cm^2)}$$

答え

(1) 50.24cm　(2) 376.8cm²

ポイントチェック

☆ 作図の手順

① おうぎ形の中心Oが Aのちょうど真上にくるまで回転する！

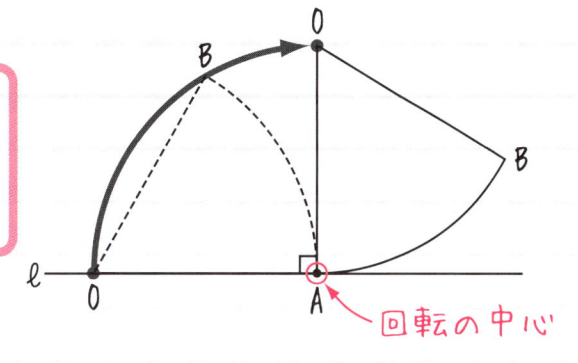

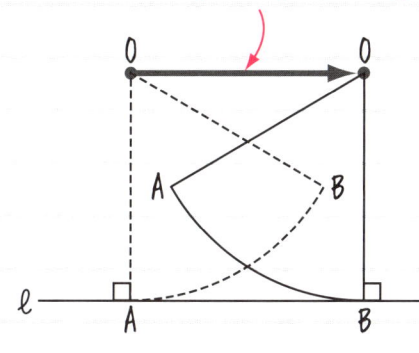

② 円が転がるときと同じだから、おうぎ形の中心Oが動いたあとの線は直線になる。

おうぎ形の弧の長さと等しい！

③ おうぎ形の中心OがBのちょうど真上にきたとき、これ以上転がることはできないので、この先はパタンとたおれる！

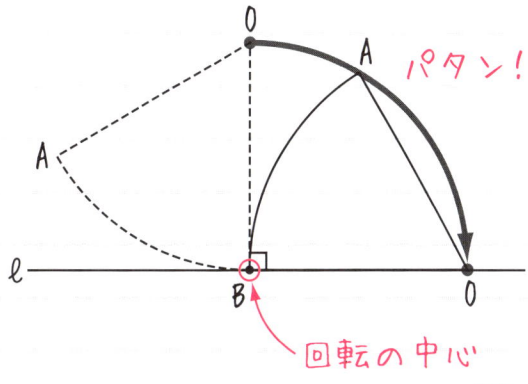

パタン！

実戦力アップ問題 A 解説と答案例

81 (1) 点Aが動いたあとの線は図のようになります。
アの長さは，イの長さと等しく，おうぎ形の弧BCの長さと等しくなりますから，求める長さは

$$10 \times 2 \times 3.14 \times \frac{1}{4} \times 2 + 10 \times 2 \times 3.14 \times \frac{45}{360}$$
$$= 12.5 \times 3.14$$
$$= \mathbf{39.25 (cm)}$$

(2) 半径10cmの四分円2つと，たて10cmで横は弧BCの長さと同じ長方形を組み合わせた図形になりますから，その面積は

$$10 \times 10 \times 3.14 \times \frac{1}{4} \times 2$$
$$\quad + 10 \times \left(10 \times 2 \times 3.14 \times \frac{45}{360}\right)$$
$$= 75 \times 3.14$$
$$= \mathbf{235.5 (cm^2)}$$

---

81 半径10cm，中心角45°のおうぎ形を，下の図のように直線XYの上を，すべらないように1回転させます。次の問いに答えなさい。ただし，円周率は3.14とします。

(千葉・聖徳大附女子中)

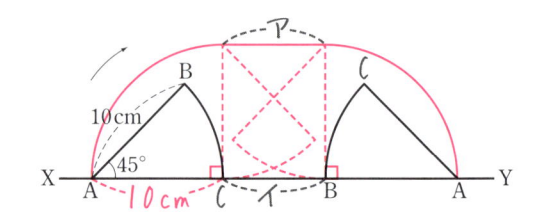

(1) 点Aが動いたあとの線の長さは何cmですか。

$$10 \times 2 \times 3.14 \times \frac{1}{4} \times 2$$
$$\quad + 10 \times 2 \times 3.14 \times \frac{45}{360}$$
$$= 12.5 \times 3.14 = 39.25 \text{(cm)}$$

(2) 点Aが動いたあとの線と直線XYで囲まれてできる図形の面積は何cm²ですか。

$$10 \times 10 \times 3.14 \times \frac{1}{4} \times 2$$
$$\quad + 10 \times \left(10 \times 2 \times 3.14 \times \frac{45}{360}\right)$$
$$= 75 \times 3.14 = 235.5 \text{(cm}^2\text{)}$$

| (1) | 39.25cm | (2) | 235.5cm² |

実戦力アップ問題 B 解説と答案例

82 下の図のように，半径6cm，中心角60°の2つのおうぎ形を重ねた図形があります。この図形を直線ℓ上をすべらないように転がして1回転させたとき，図形が通る部分の面積は何cm²ですか。ただし，円周率は3.14とします。（埼玉・淑徳与野中）

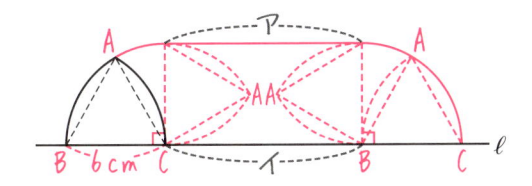

$$6 \times 6 \times 3.14 \times \frac{1}{4} \times 2$$
$$+ 6 \times \left(6 \times 2 \times 3.14 \times \frac{60}{360} \times 2\right)$$
$$= 42 \times 3.14$$
$$= 131.88 \,(cm^2)$$

131.88 cm²

82 図形が通った部分は図のようになります。

アの長さはイの長さと等しく，おうぎ形の弧ACと弧ABの長さの和になりますから，求める面積は

$$6 \times 6 \times 3.14 \times \frac{1}{4} \times 2$$
$$+ 6 \times \left(6 \times 2 \times 3.14 \times \frac{60}{360} \times 2\right)$$
$$= 42 \times 3.14$$
$$= \mathbf{131.88 \,(cm^2)}$$

テーマ 7　図形の平行移動

例題

　右の図1のように，直線ℓ上に2つの長方形AとBがあります。図の位置から長方形Aが矢印の方向に動いたとき，動き始めてからの時間と，2つの長方形の重なりの面積の関係を表すグラフが，右の図2のようになりました。

　これについて，次の問いに答えなさい。

(1) 長方形Aの動く速さは毎秒何cmですか。

(2) 図1のアの長さは，何cmですか。

(3) 図2のイにあてはまる数を求めなさい。

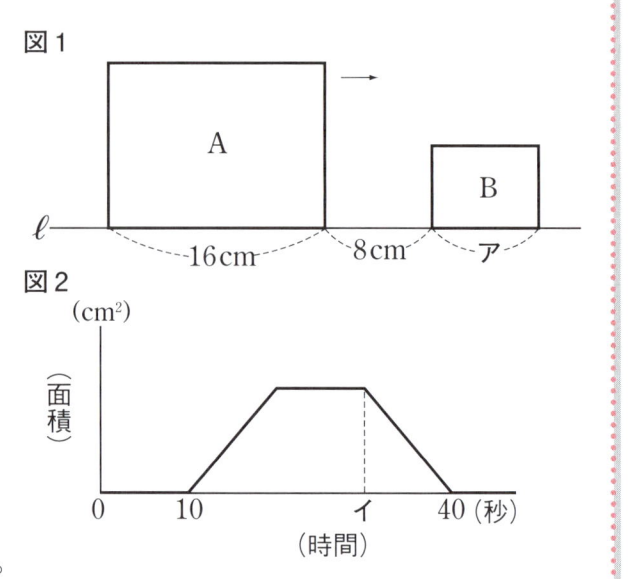

解き方

グラフの折れ曲がったところで，重なりの部分がどのようになっているかを考えます。

(1) グラフより，10秒後にAはBに重なり始めますから，Aの速さは
　　　$8 \div 10 = 0.8$ (cm/秒)

(2) グラフより，AとBが重なり始めてからはなれるまでの時間は，
　　　$40 - 10 = 30$ (秒)
　ですから，AとBの横の長さの合計は
　　　$0.8 \times 30 = 24$ (cm)
　とわかります。したがって，アの長さは
　　　$24 - 16 = 8$ (cm)

(3) グラフのイは，AとBが右の図のようになるときの時間ですから
　　　$(8 + 16) \div 0.8 = 30$ (秒)

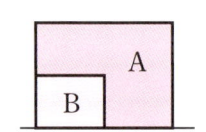

答え

(1) 毎秒0.8cm　　(2) 8cm　　(3) 30

ポイントチェック

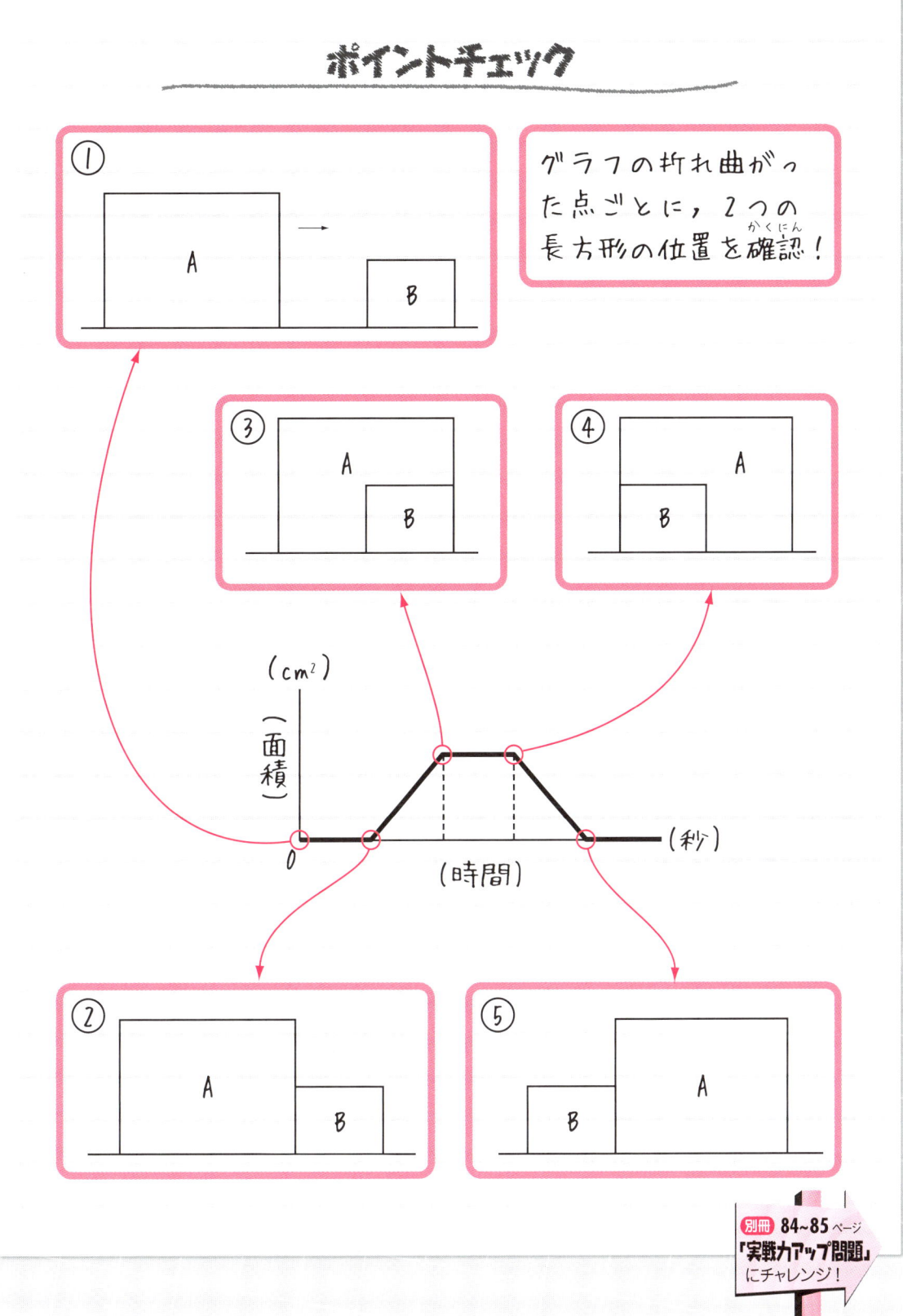

①

グラフの折れ曲がった点ごとに、2つの長方形の位置を確認！

② ③ ④ ⑤

別冊 84~85ページ
「実戦力アップ問題」にチャレンジ！

実戦力アップ問題 A 解説と答案例

83 (1) AとBの重なりの面積が最大になるときの225cm²がBの面積ですから，Bの1辺は
$$225 = 15 \times 15$$
より，**15cm**です。

(2) 重なり始めてから完全に重なるまでの時間が10秒ですから，Bが動く速さは
$$15 \div 10 = \mathbf{1.5(cm/秒)}$$

(3) Bの左の辺がAの1辺分を進むのにかかる時間が24秒ですから，Aの1辺は
$$1.5 \times 24 = \mathbf{36(cm)}$$

(4) 30秒後のAとBは，図3のように重なります。
Bの右の辺は，30秒間に
$$1.5 \times 30 = 45(cm)$$
進みますから，xの長さは
$$36 + 15 - 45 = 6(cm)$$
したがって，重なり(しゃ線部分)の面積は
$$15 \times 6 = \mathbf{90(cm^2)}$$

---

83 図1のように正方形A，Bが直線上にあります。Aは静止しているがBは図の位置から一定の速さで左の方向に動きます。このとき，正方形AとBが重なった部分の面積の変化を表したものが図2です。次の問いに答えなさい。
(兵庫・三田学園中)

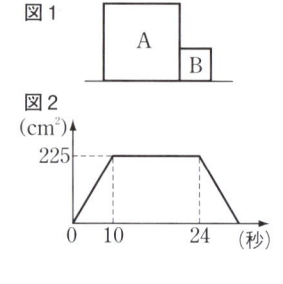

(1) 正方形Bの1辺の長さを求めなさい。

$225 = 15 \times 15 \rightarrow 15cm$

(2) 正方形Bが動く速さは毎秒何cmですか。

$15 \div 10 = 1.5 (cm/秒)$

(3) 正方形Aの1辺の長さを求めなさい。

$1.5 \times 24 = 36 (cm)$

(4) 動き始めてから30秒後の重なった部分の面積を求めなさい。

$1.5 \times 30 = 45 (cm)$
$36 + 15 - 45 = 6 (cm)$
$15 \times 6 = 90 (cm^2)$

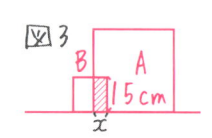

(1)	15cm	(2)	毎秒1.5cm
(3)	36cm	(4)	90cm²

実戦力アップ問題 B 解説と答案例

問題 別冊 85 ページ

84

長方形と，1つの角が45度の直角三角形があり，図のように長方形を直線にそって矢印の方向に毎秒1cmの速さで移動させます。グラフは，移動を始めてからの時間と，2つの図形が重なってできる部分の面積の関係をと中まで表したものです。
(東京・女子学院中)

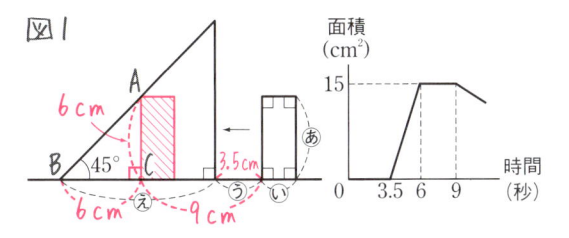

(1) あは ☐ cm，いは ☐ cm，うは ☐ cm，えは ☐ cm です。

$1 \times 3.5 = 3.5$ (cm) ← う
$1 \times (6-3.5) = 2.5$ (cm) ← い
$15 \div 2.5 = 6$ (cm) ← あ
$1 \times (9-3.5) + 6 = 11.5$ (cm) ← え

(2) 重なる部分の面積が再び0cm²となるのは☐秒後からです。

$(2.5 + 3.5 + 11.5) \div 1 = 17.5$ (秒後)

(3) 10.5秒後の，重なる部分の図形は〔三角形・四角形・五角形・六角形〕で，その面積は☐cm²です。

$15 - 1.5 \times 1.5 \div 2$
$= 13.875$ (cm²)

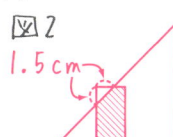

図2

(1)	あ 6	い 2.5	う 3.5	え 11.5	(2)	17.5
(3)	三角形・四角形・**(五角形)**・六角形					13.875

---

84 (1) うは $1 \times 3.5 = 3.5$ (cm)
いは $1 \times (6-3.5) = 2.5$ (cm)

2つの図形が完全に重なった6秒後のときの重なり(長方形)の面積が15cm²ですから，あは
　　$15 \div 2.5 = 6$ (cm)

9秒後は図1のようになり，三角形ABCは直角二等辺三角形ですから，えは
　　$1 \times (9-3.5) + 6 = 11.5$ (cm)

(2) 重なり部分の面積が再び0cm²になるのは，長方形の右の辺がい＋う＋えの長さの分だけ進んだときですから
　　$(2.5 + 3.5 + 11.5) \div 1 = 17.5$ (秒後)

(3) 図1の9秒後の図から考えると，10.5秒後の図は図2のようになります。よって，重なる部分は**五角形**で，その面積は
　　$15 - 1.5 \times 1.5 \div 2 = 13.875$ (cm²)

テーマ 8 紙を折ったあと広げる

例題

1辺30cmの正方形の紙があります。下の図のように3回折って，しゃ線の部分を切り落としました。残りの部分を広げてできた図形の面積は何cm²ですか。ただし，図の●は，辺を3等分している印で，しゃ線の部分は直角二等辺三角形です。

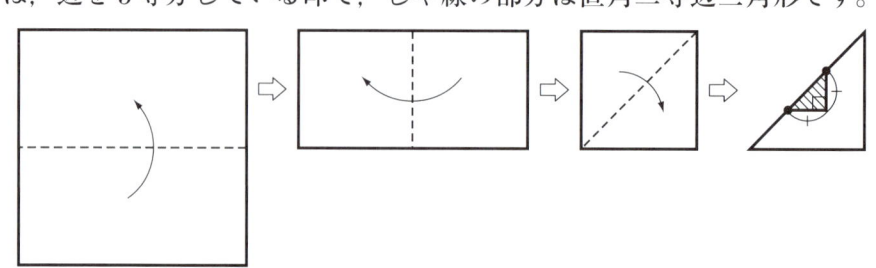

解き方

下の図のように**最後の状態から逆にたどって広げていきます。**

このとき，1回広げるごとに，**折り目について，線対称な図形**になるように，しゃ線を入れていきます。

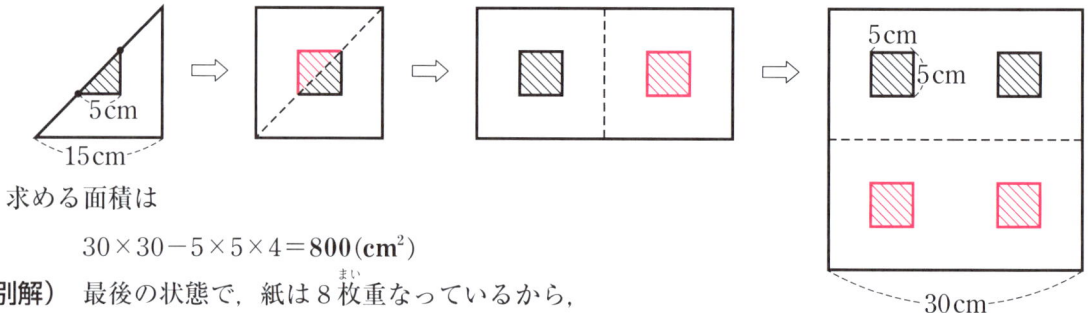

求める面積は
$$30 \times 30 - 5 \times 5 \times 4 = 800 \, (\text{cm}^2)$$

（別解） 最後の状態で，紙は8枚重なっているから，
求める面積は
$$30 \times 30 - 5 \times 5 \div 2 \times 8 = 800 \, (\text{cm}^2)$$

答え

800cm²

ポイントチェック

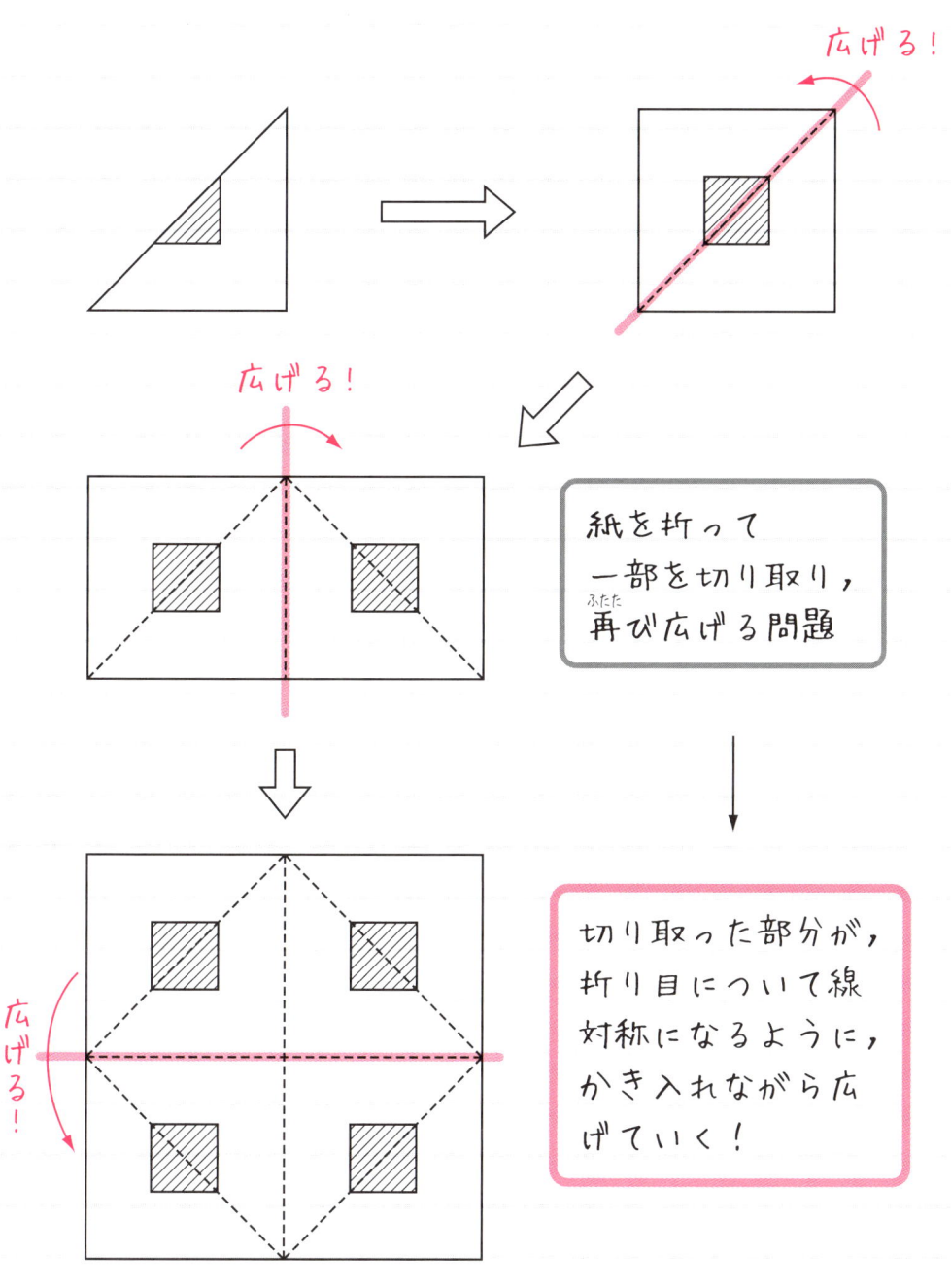

広げる！

広げる！

広げる！

紙を折って一部を切り取り、再び広げる問題

切り取った部分が、折り目について線対称になるように、かき入れながら広げていく！

別冊 86〜87 ページ
「実戦力アップ問題」にチャレンジ！

実戦力アップ問題 A 解説と答案例

85 紙を広げていくようすは図のようになります。切り落としたしゃ線部分の面積の合計は、底辺3cm、高さ2cmの直角三角形16個分の面積ですから

$$3 \times 2 \div 2 \times 16 = 48 (\text{cm}^2)$$

もとの正方形の面積は

$$24 \times 24 = 576 (\text{cm}^2)$$

したがって、残りの部分の面積は

$$576 - 48 = \mathbf{528} (\textbf{cm}^2)$$

---

85 1辺が24cmの正方形の紙があります。図のように4回折って、しゃ線の部分を切り落としました。残りの部分を開いてできた図形の面積は何cm²ですか。
（神奈川・日本女子大附中）

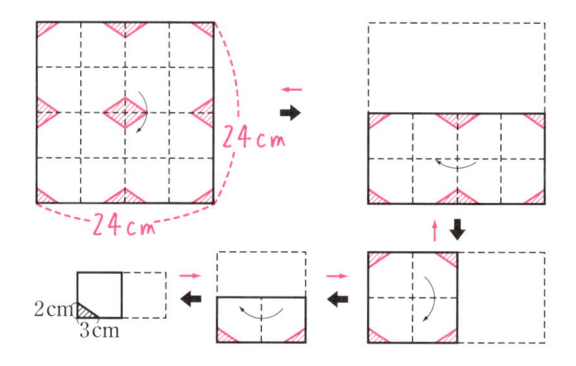

$3 \times 2 \div 2 \times 16 = 48 (\text{cm}^2)$
$24 \times 24 = 576 (\text{cm}^2)$
$576 - 48 = 528 (\text{cm}^2)$

528 cm²

実戦力アップ問題 B 解説と答案例

問題 別冊 **87** ページ

86 1辺の長さが16cmの正方形の紙があります。

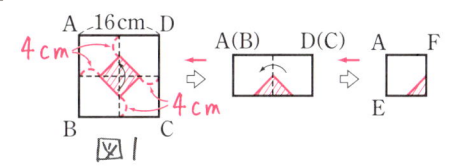

上の図のように、まず点Bが点Aに重なるように折り、次に点Dが点Aに重なるように折ります。そのあと、右の図のように、点Aをふくまない2辺のそれぞれの真ん中の点を結んだ線で三角形の部分を切りはなします。
（東京・豊島岡女子学園中）

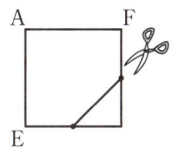

(1) 残った紙を広げたとき、広げた紙の面積は何cm²ですか。

$8 \times 8 \div 2 = 32 (cm^2)$　$16 \times 16 = 256 (cm^2)$
$256 - 32 = 224 (cm^2)$

次に、紙を広げる前の状態にもどして、次の図のようにもう1度同じ作業を行います。まず点Eが点Aに重なるように折り、次に点Fが点Aに重なるように折ります。そのあと、点Aをふくまない2辺のそれぞれの真ん中の点を結んだ線で三角形の部分を切りはなします。

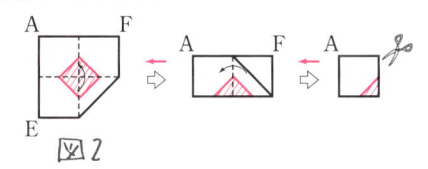

(2) 2回目の切りはなす作業のあと、残った紙を広げます。広げた紙の面積は何cm²ですか。

$16 \div 2 \div 2 = 4 (cm)$　$4 \times 4 \div 2 = 8 (cm^2)$
$224 - 8 \times 4 = 192 (cm^2)$

| (1) | 224cm² | (2) | 192cm² |

---

86 (1) 紙を広げたときの図は図1のようになります。切り落としたしゃ線部分は、対角線の長さが8cmの正方形ですから、その面積は
　　$8 \times 8 \div 2 = 32 (cm^2)$
もとの正方形の面積は
　　$16 \times 16 = 256 (cm^2)$
したがって、残りの部分の面積は
　　$256 - 32 = \mathbf{224 (cm^2)}$

(2) と中まで紙を広げたときの図は、図2のようになります。図2から図1まで広げると、さらに小さな正方形を4つ切り落としています。この小さな正方形の対角線の長さは
　　$16 \div 2 \div 2 = 4 (cm)$
ですから、その面積は
　　$4 \times 4 \div 2 = 8 (cm^2)$
したがって、残りの部分の面積は
　　$224 - 8 \times 4 = \mathbf{192 (cm^2)}$

● **著者紹介**

粟根 秀史 （あわね ひでし）

　1963年岡山県生まれ。20年以上に亘り，首都圏の進学塾や私立小学校で算数・数学を指導。特に，進学教室サピックス小学部では校舎責任者を務める他，開成中，桜蔭中受験に特化した最上位クラスを担当。

　2006年，私立さとえ学園小学校の初代教頭に就任。当時，新設の小学校ながらも難関私立中学校受験にも対応できるカリキュラムを確立。直接指導に当たった第1期生を，開成中，麻布中，桜蔭中などの難関校合格に導く。その後，自らの理想とする教育の研究に専念するため，第1期生卒業とともに退職。子どもを狭い枠の中だけで捉えるのではなく，「子どもを包括的かつ複眼的に捉え，子どもの可能性を解き放つ教育」を提唱。また，算数の学習では「思考のフレームを拡げることが最重要である」と説き，その具体的なメソッドとして，ステップアップ方式による「思考力強化プログラム」とポイントチェック方式による「知識運用力強化プログラム」を開発。

　現在，研究・執筆活動の傍ら，進学塾で教師研修，教材開発，教育講演の他，全国最難関校受験クラスの特別指導も行っている。

　著書に『思考力で勝つ算数』（文英堂）がある。

図版　デザインスタジオ エキス

シグマベスト
速ワザ算数 [平面図形編]

本書の内容を無断で複写（コピー）・複製・転載することは，著作者および出版社の権利の侵害となり，著作権法違反となりますので，転載等を希望される場合は前もって小社あて許諾を求めてください。

Ⓒ 粟根秀史　2012　　Printed in Japan

著　者　粟根秀史
発行者　益井英郎
印刷所　中村印刷株式会社
発行所　株式会社　文英堂

〒601-8121　京都市南区上鳥羽大物町28
〒162-0832　東京都新宿区岩戸町17
（代表）03-3269-4231

●落丁・乱丁はおとりかえします。

もくじ

第1章 「着眼力」をきたえよう！

- テーマ1 三角形を組み合わせてできる角 …… 2
- テーマ2 正方形の中で垂直に交わる2直線 …… 4
- テーマ3 面積の差 …… 6
- テーマ4 三角形の底辺の比と面積の比 …… 8
- テーマ5 三角形の高さの比と面積の比① …… 10
- テーマ6 三角形の高さの比と面積の比② …… 12
- テーマ7 三角形の2辺の比と面積の比① …… 14
- テーマ8 三角形の2辺の比と面積の比② …… 16
- テーマ9 直角三角形の相似 …… 18
- テーマ10 ピラミッド型・クロス型の相似 …… 20
- テーマ11 三角形の中の正方形の1辺 …… 22
- テーマ12 正方形の折り返しと相似 …… 24
- テーマ13 台形の4分割 …… 26

第2章 「補助線」をマスターしよう！

- テーマ1 2つの円が交わってできる角 …… 28
- テーマ2 おうぎ形を折り返してできる角 …… 30
- テーマ3 2つの正方形を並べてできる三角形の面積 …… 32
- テーマ4 長方形の中の2つの三角形の面積の和 …… 34
- テーマ5 長方形の中の四角形の面積 …… 36
- テーマ6 正六角形の分割 …… 38
- テーマ7 三角形の内接円の半径 …… 40
- テーマ8 6つの内角がすべて等しい六角形 …… 42
- テーマ9 複合図形の面積① …… 44
- テーマ10 複合図形の面積② …… 46
- テーマ11 複合図形の面積③ …… 48
- テーマ12 半径がわからない円の面積 …… 50
- テーマ13 辺の比と面積の比の利用 …… 52
- テーマ14 太陽の光によるかげ …… 54
- テーマ15 三角形の相似の利用 …… 56

第3章 「移動」のワザを身につけよう！

- テーマ1 おうぎ形を組み合わせてできる図形の面積の和 …… 58
- テーマ2 三角形を回転させてできる図形の面積 …… 60
- テーマ3 おうぎ形の中の図形の面積 …… 62
- テーマ4 底辺と高さがわからない三角形の面積① …… 64
- テーマ5 底辺と高さがわからない三角形の面積② …… 66
- テーマ6 面積から長さを求める …… 68
- テーマ7 向かい合う三角形の面積の和 …… 70

第4章 「作図力」をみがこう！

- テーマ1 犬が動けるはん囲の面積 …… 72
- テーマ2 三角形の転がり …… 74
- テーマ3 長方形の転がり …… 76
- テーマ4 円の転がり① …… 78
- テーマ5 円の転がり② …… 80
- テーマ6 おうぎ形の転がり …… 82
- テーマ7 図形の平行移動 …… 84
- テーマ8 紙を折ったあと広げる …… 86

第1章 「着眼力」をきたえよう！

実戦力アップ問題 A

⏱ 目標時間 〔2分〕

1 次の問いに答えなさい。

(1) 図のあの角度を求めなさい。　　　　　　　　　　　　（神奈川・フェリス女学院中）

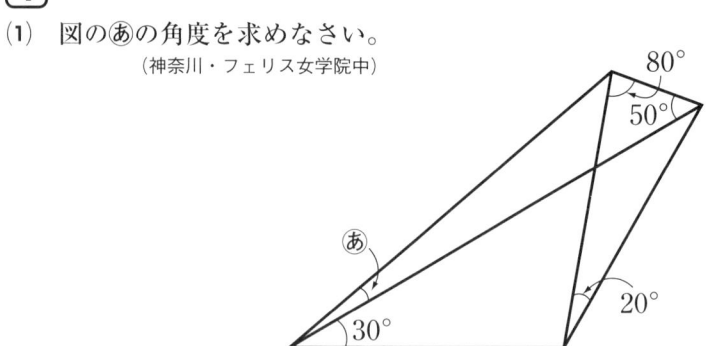

（図：四角形状の図形に対角線が引かれており、各角に 80°、50°、20°、30°、あ が示されている）

(2) 図のアの角度を求めなさい。　　　　　　　　　　　　（兵庫・関西学院中学部）

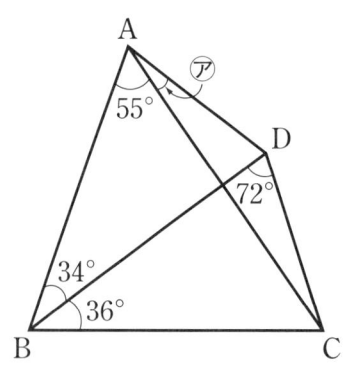

（図：三角形ABCの内部に点Dがあり、∠BAD=55°、∠DACの部分がア、∠ABD=34°、∠DBC=36°、Dのところに72°が示されている）

(1)		(2)	

2 次の図のような，辺ADと辺CDの長さが等しい四角形ABCDがあります。点Eは辺BC上の点，点FはACとDEの交点，点GはAEとBDの交点です。　(和歌山・智辯学園和歌山中)

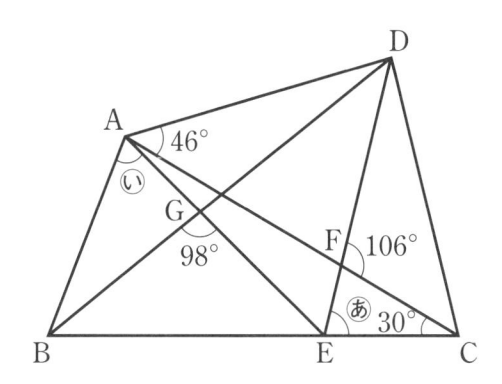

(1) 角㋐の大きさは何度ですか。

(2) 角㋑の大きさは何度ですか。

3 正方形ABCDの辺上に，次の図のようにE，Fをとると，AEとDFは垂直になりました。AG＝4cm，GE＝6cm，GD＝8cmのとき三角形ABEの面積を求めなさい。（東京・城北中）

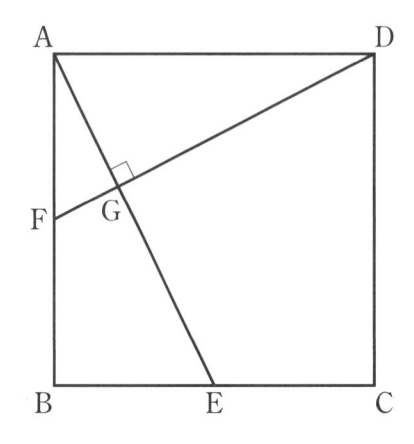

4 次の図の四角形 ABCD は正方形です。このとき，しゃ線部分の面積を求めなさい。

（東京・青稜中）

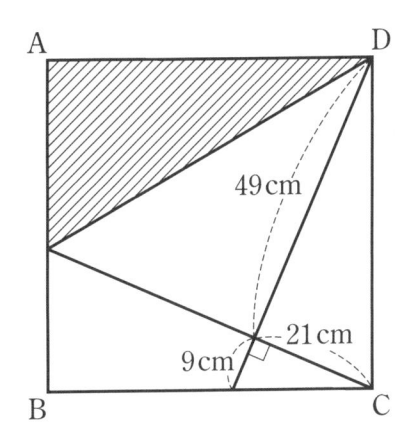

実戦力アップ問題 A

⏱ 目標時間 〔3分〕

解答 本冊 14 ページ

5 次の問いに答えなさい。

(1) 右の図のしゃ線部分で，①の面積から②の面積をひいた面積は何 cm² ですか。（円周率は 3.14 とする。）

（東京・共立女子中）

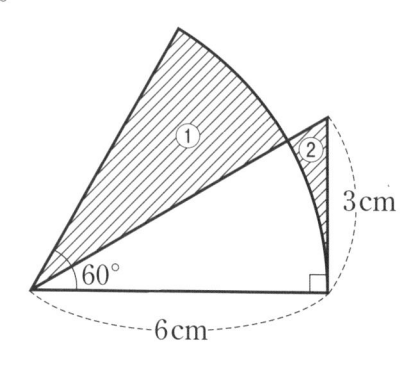

(2) AB を直径とする半径 3cm の半円を図のように点 A を中心として 30 度回転させると，B が C に移りました。

このとき，図のアの部分の面積と，イの部分の面積の差は □ cm² です。

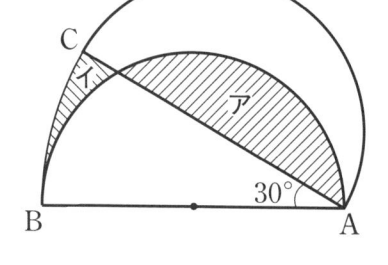

□ にあてはまる数を求めなさい。ただし，円周率は 3.14 とします。

（東京・城北中）

(1)		(2)	

6 図のように，1辺の長さが8cmの正方形の中に円の4分の1があります。⑦と⑦の面積の差は何cm²ですか。円周率は3.14とします。

（大阪・四天王寺中）

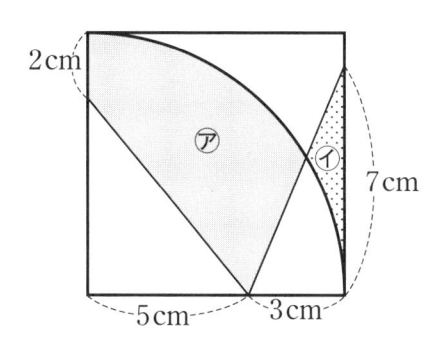

[7] 下の図で，三角形ADF，三角形DFG，三角形DEG，三角形EGH，三角形EBH，三角形BCHの面積はすべて等しいとします。このとき，次の比を簡単な整数で表しなさい。

(徳島文理中)

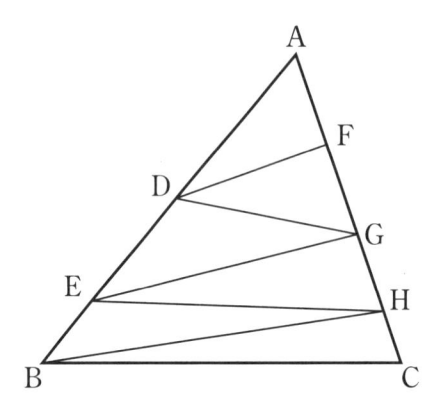

(1) AF：FG　　**1：1**

(2) AE：EB　　**4：1**

(3) DE：EB　　**4：3**

8 下の図のように，三角形 ABC を面積の等しい 5 個の三角形に分けます。AC＝8cm のとき，AP＝ ① cm であり，BS：SC＝ ② ： ③ です。 ① ～ ③ にあてはまる数を求めなさい。

（愛媛・愛光中）

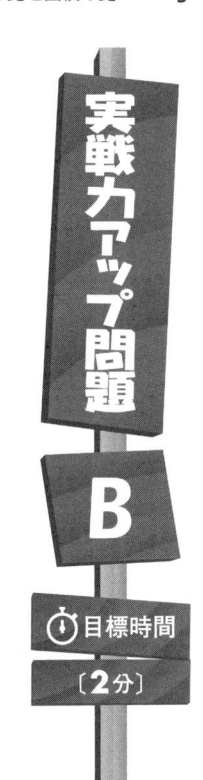

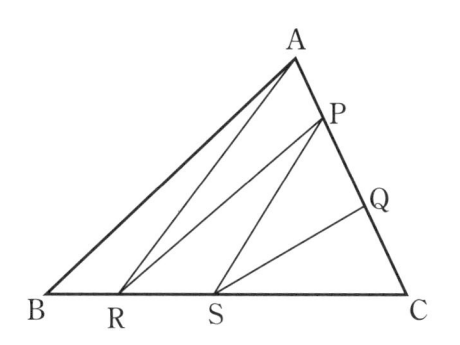

①	②	③

9 右の図で，三角形ABCの面積は20cm²，三角形ACDの面積は16cm²，三角形DBCの面積は21cm²です。このとき，三角形AODの面積は□cm²です。□にあてはまる数を求めなさい。

(高知・土佐塾中)

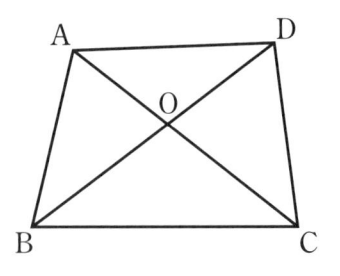

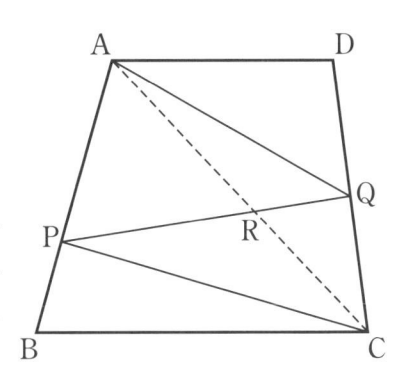

(1) 6 cm²

(2) 10/3 cm²

11 右の図において，BD：DC＝5：7，AP：PD＝2：1です。三角形PBDの面積が10cm²のとき，次の問いに答えなさい。
（東京・晃華学園中）

(1) 三角形APBと三角形APCの面積の比を，最も簡単な整数で表しなさい。

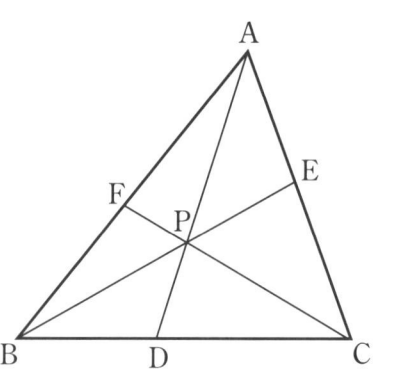

(2) AF：FBを，最も簡単な整数で表しなさい。

(3) 三角形AFPと三角形PDCの面積の比を，最も簡単な整数で表しなさい。

| (1) | | (2) | | (3) | |

12 右の図の三角形 ABC において，AB を 4 : 3 に分ける点を D，AC を 2 : 5 に分ける点を E とします。CD と BE の交わる点を P とし，AP のえん長と BC との交わる点を F とします。

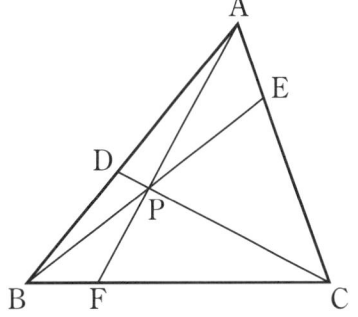

このとき，次の問いに答えなさい。
（神奈川・山手学院中）

(1) （三角形 CAP の面積）と（三角形 CBP の面積）を最も簡単な整数の比で表しなさい。

(2) （BF の長さ）と（FC の長さ）を最も簡単な整数の比で表しなさい。

(3) （三角形 ABC の面積）と（三角形 PBC の面積）を最も簡単な整数の比で表しなさい。

(1)		(2)		(3)	

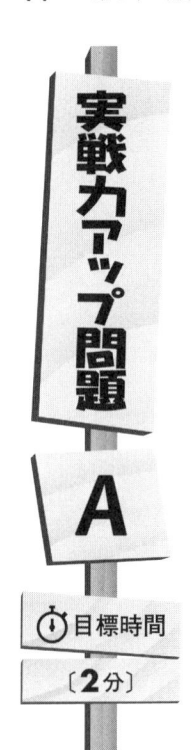

13 右の図で，三角形ABCの3辺の長さは，AB＝8cm，BC＝10cm，CA＝9cmです。また，点D，Eはそれぞれ辺AB，BC上の点です。BD＝6cmのとき，次の問いに答えなさい。　（東京・共栄学園中）

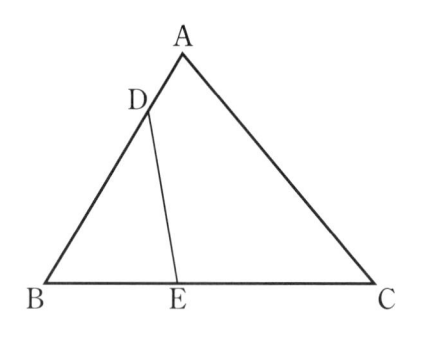

(1) 三角形DBEの面積が，三角形ABCの面積の $\frac{3}{10}$ になるには，BEの長さを何cmにすればよいですか。

(2) (1)のとき，辺CA上に点Fをとり，四角形ADEFの面積を三角形ABCの面積の半分にするとき，CFの長さを何cmにすればよいですか。

(1)		(2)	

14 下の図のような直角三角形において，辺ABは27cm，辺ACは12cmです。

また，㋑の面積は全体の $\frac{2}{5}$，㋒の面積は全体の $\frac{1}{5}$ です。

辺BD：辺DC＝3：2のとき，㋐の面積は何cm²ですか。

（東京・筑波大附中）

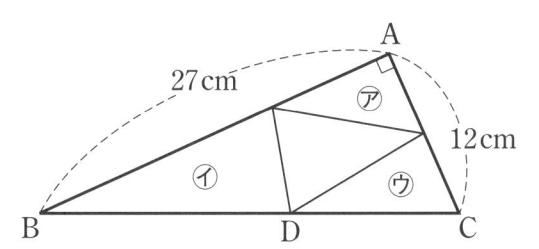

実戦力アップ問題 A

目標時間 〔1分〕

15 下の図のように，三角形ABCの3つの辺をそれぞれもとの辺の長さと同じだけえん長し，その先を結んで三角形DEFを作ったところ，辺DFの長さは6cm，辺EFの長さは7cm，角Fは90°になりました。このとき，三角形ABCの面積は□cm²です。□にあてはまる数を求めなさい。　　（大阪桐蔭中）

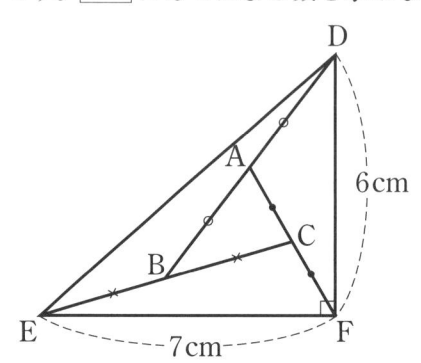

16 下の図において，AD は CA の 2 倍，BE は AB の 2 倍，CF は BC の 3 倍です。三角形 ADE の面積が 12cm² のとき，三角形 ABC の面積は ① cm²，三角形 DEF の面積は ② cm² です。 ①，② にあてはまる数を求めなさい。　　　　　　　　　（愛媛・愛光中）

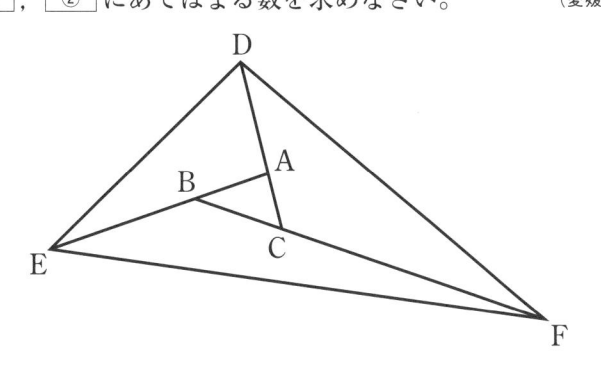

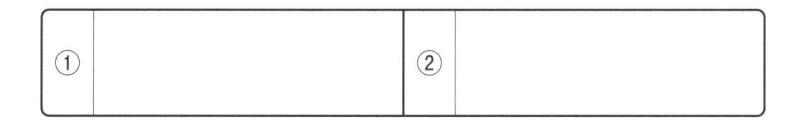

| ① | 2 | ② | 48 |

17 次の問いに答えなさい。

(1) 右の図でBDの長さは□cmです。□にあてはまる数を求めなさい。 （兵庫・滝川中）

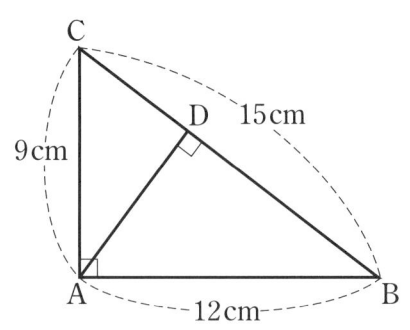

(2) 下の図のような，直角三角形ABCについて，辺BCを底辺としたときの高さをAHとします。このとき，辺AHの長さは□cmです。□にあてはまる数を求めなさい。 （東京・慶應中等部）

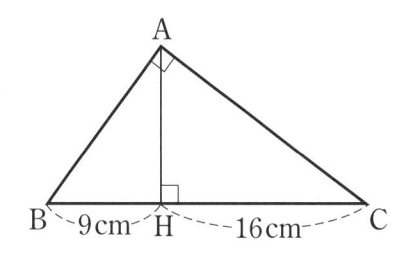

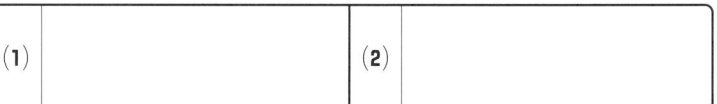

18 右の図で，AG=12cm，GB=3cm，BC=12cm，CA=9cm です。このとき，次の問いに答えなさい。　（東京・高輪中）

(1) BE の長さは何 cm ですか。

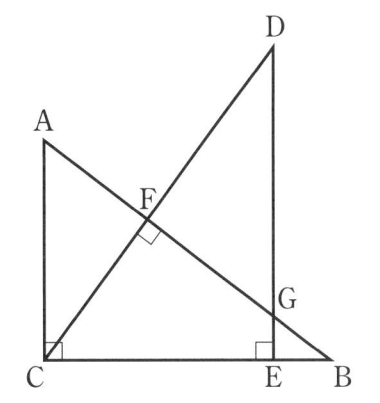

(2) DG の長さは何 cm ですか。

(3) 四角形 CEGF の面積は何 cm² ですか。

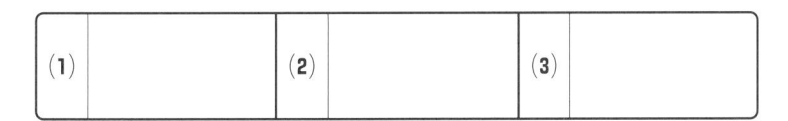

| (1) | | (2) | | (3) | |

実戦力アップ問題 A

⏱ 目標時間 **[2分]**

19 次の問いに答えなさい。

(1) 右の図の長方形で、しゃ線部分の面積は □ cm² です。□ にあてはまる数を求めなさい。
（神奈川・桐光学園中）

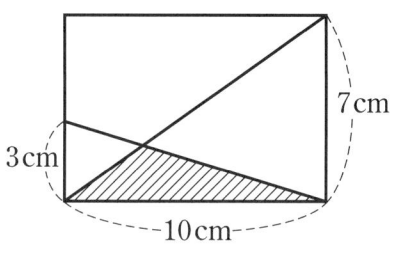

(2) 下の図で四角形 ABCD は平行四辺形である。このとき、かげのついた部分の面積を求めなさい。（神奈川・慶應湘南藤沢中等部）

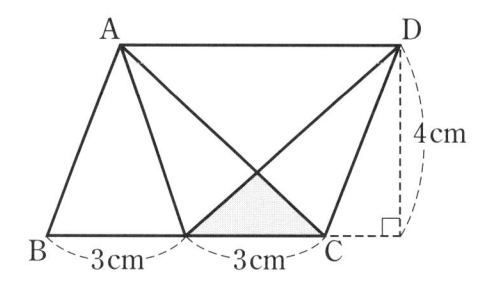

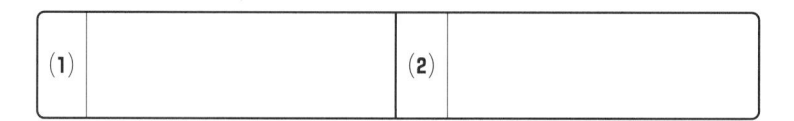

解答 本冊 42 ページ

(1)		(2)	

20 右の図は，たて，横の長さが10cmの正方形と底辺が10cm，高さが20cmの直角三角形を重ねたものです。しゃ線部分の面積は何cm²ですか。　（東京農大一高中等部）

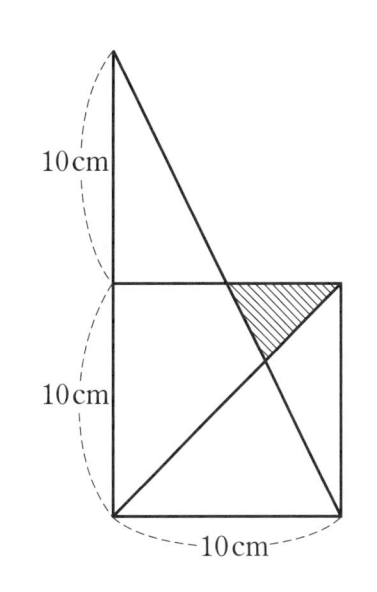

[21] 次の問いに答えなさい。

(1) 下の図のように直角三角形ABCの3辺の上に点D，E，Fをとり，正方形DECFを作ります。この正方形の面積は何cm²ですか。 （東京・大妻中）

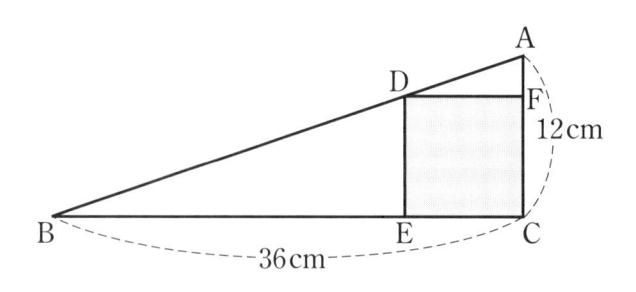

(2) 図のように，AB＝3cm，BC＝4cmである直角三角形ABCと正方形BDEFがあります。三角形AFEの面積と正方形BDEFの面積の比をできるだけ小さな整数の比で表しなさい。 （大阪・四天王寺中）

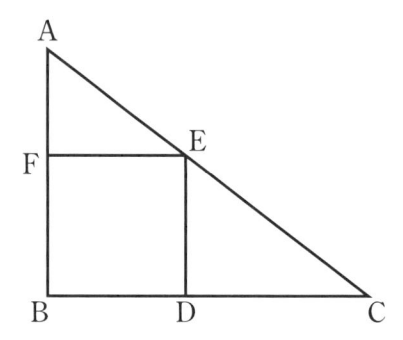

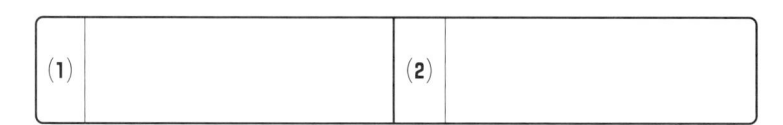

22 右の図で，三角形 ABC は辺 AB の長さと辺 AC の長さが等しい二等辺三角形であり，その中に正方形があります。

三角形 ABC の底辺 BC の長さは 10cm で，高さは 15cm です。正方形の面積を求めなさい。

（埼玉・浦和明の星女子中）

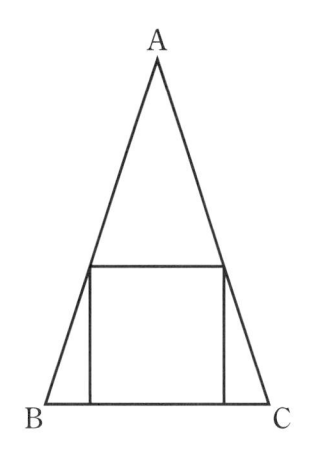

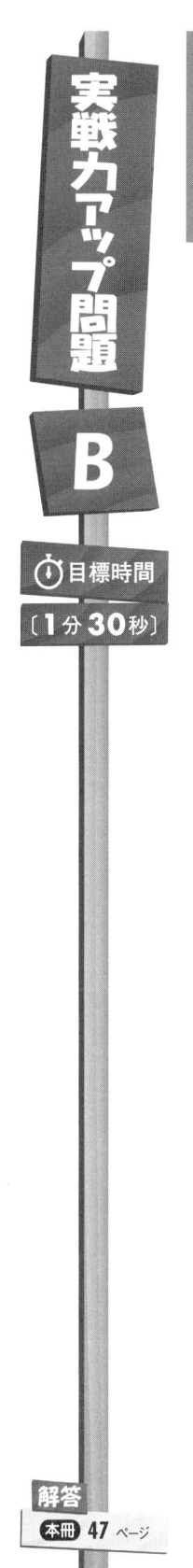

23 図は正方形の紙 ABCD を点 B が点 E にくるように折ったものです。AE, EF, FA の長さがそれぞれ 5cm, 13cm, 12cm のとき, 次の問いに答えなさい。　　　（奈良学園中）

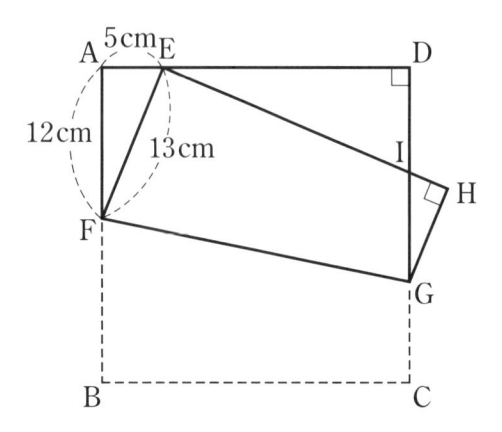

(1) ED の長さは何 cm ですか。

(2) IH の長さは何 cm ですか。

(3) 四角形 EFGH の面積は何 cm² ですか。

| (1) | | (2) | | (3) | |

24 下の図で，四角形 ABCD は 1 辺が 9cm の正方形で，F は AF：FB＝2：1 とする辺 AB 上の点です。BE＝4cm となるところで C が F にくるように折り返したとき，しゃ線の部分の面積を求めなさい。

(東京・明治大付中野中)

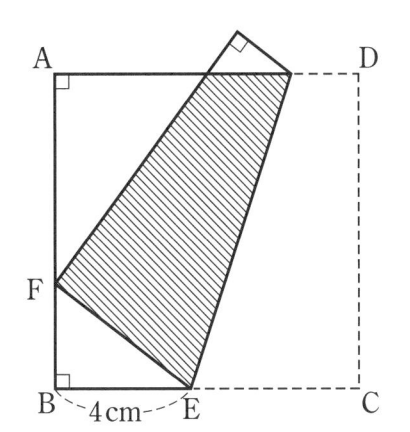

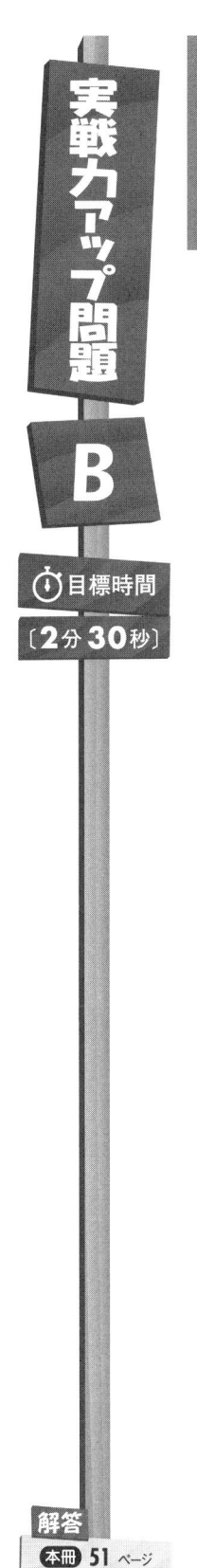

実戦力アップ問題 A

⏱ 目標時間 〔2分〕

25 次の問いに答えなさい。

(1) 右の図の台形ABCDで，三角形ADEの面積が27cm²のとき，台形ABCDの面積を求めなさい。
（埼玉栄中）

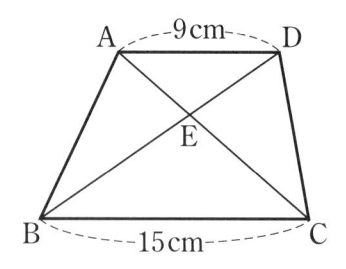

(2) 右の図の平行四辺形ABCDにおいて，しゃ線部分の面積と平行四辺形ABCDの面積の比を，最も簡単な整数の比で表しなさい。（大阪・近畿大附中）

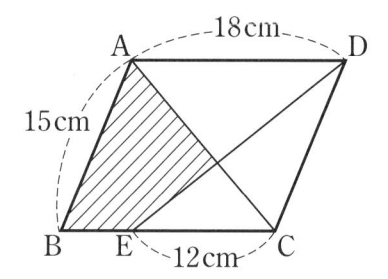

解答 本冊 54 ページ

(1)	(2)

26 右の図のように平行四辺形 ABCD があります。AF：FD＝1：2 となる点を F，直線 CF と直線 AB の交わった点を E，対角線 BD と直線 CF の交わった点を G とします。また，三角形 FGD の面積は 2 cm² です。あとの問いに答えなさい。

(東京・多摩大附聖ヶ丘中)

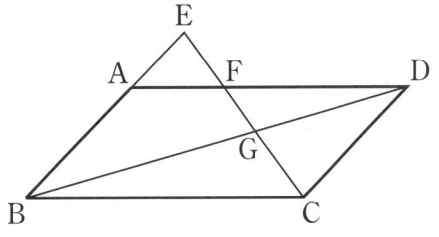

(1) 三角形 GBC の面積は何 cm² ですか。

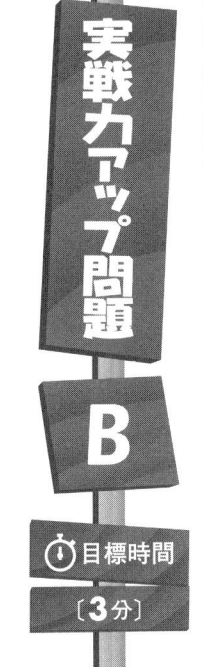

(2) EF と FG と GC の比をできるだけ簡単な整数の比で答えなさい。

(3) 平行四辺形 ABCD の面積は何 cm² ですか。

(1)	(2)	(3)

27 次の問いに答えなさい。

(1) 図のように半径が等しい半円とおうぎ形が重なっているとき、㋐と㋑の角度を求めなさい。　　（大阪・清風南海中）

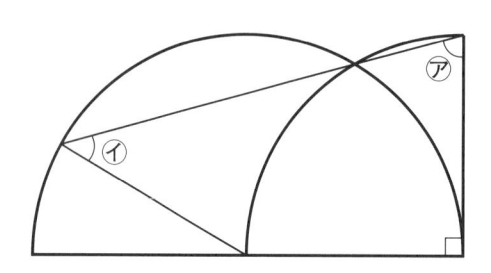

(2) 右の図は、正方形の中に正方形の1辺を半径とする $\frac{1}{4}$ の円を2つかいたものです。図の中の $x°$ は何度ですか。（東京農大一高中学部）

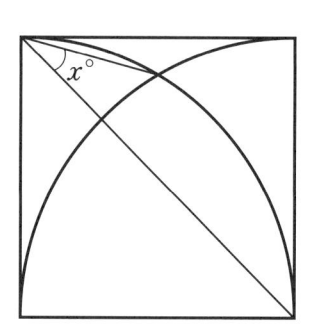

| (1) | ㋐ | | ㋑ | | (2) | |

28 下の図で点P，Qはそれぞれ円の中心です。角 a の大きさは □°です。□にあてはまる数を求めなさい。

(兵庫・関西学院中学部)

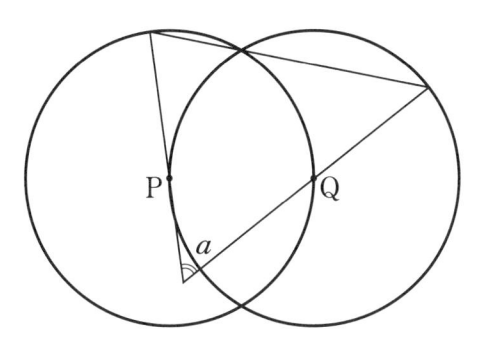

[29] おうぎ形 OAB があり、右の図のように BC を折り目に、O が弧 AB に重なるように折りました。このとき、角 x の大きさを求めなさい。 （獨協埼玉中）

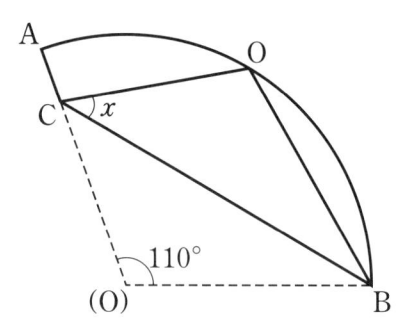

30 右の図は点Cを中心とする円の一部分を，Cが円周上の点Dに重なるように，AEを折り目として折った図です。

(神奈川大附中)

(1) 角xの大きさは何度ですか。

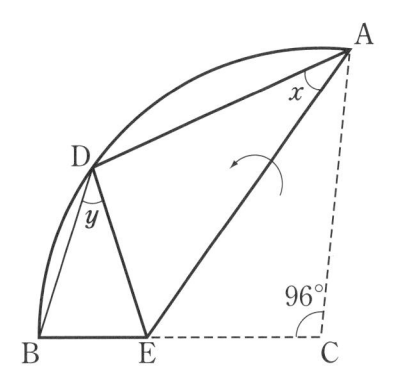

(2) 角yの大きさは何度ですか。

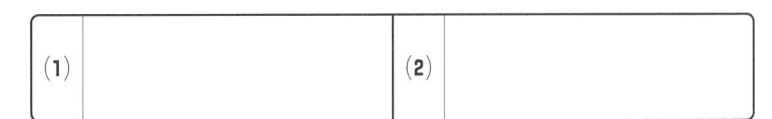

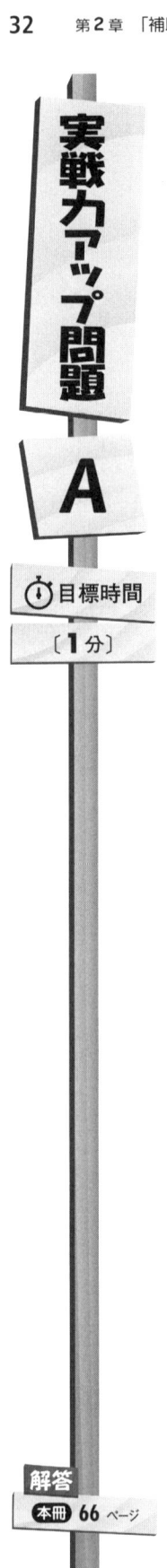

[31] 下の図の四角形はそれぞれ1辺の長さが7cmと8cmの正方形です。しゃ線部分の面積は何cm²ですか。

(東京・國學院大久我山中)

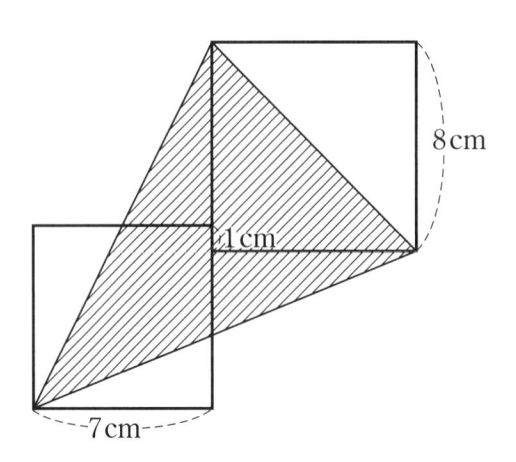

32 1辺の長さが10cmと6cmの正方形が下の図のように辺の一部でくっついているとき，しゃ線部分の三角形の面積は□cm²です。□にあてはまる数を求めなさい。

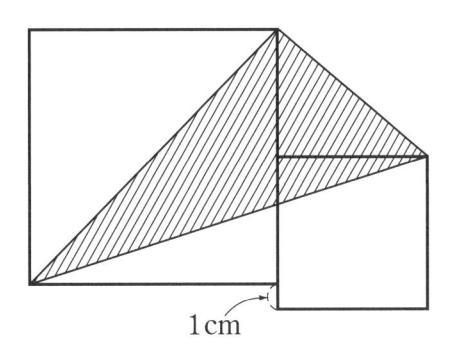

（東京・江戸川女子中）

実戦力アップ問題 A

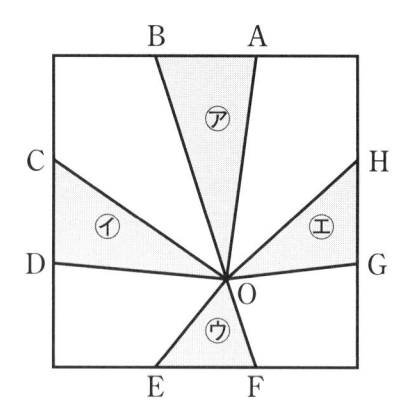

目標時間 〔1分〕

解答 本冊 70 ページ

33 右の図の正方形で，点A〜点Hは，各辺を3等分する点です。これらの点と，正方形の中にある点Oを結んでできる三角形の面積が，㋐は5cm²，㋑は4cm²，㋒は2cm²のとき，㋓の面積は何cm²ですか。
（東京・日本大二中）

34 下の図は，たて6cm，横10cmの長方形です。
しゃ線部分の面積を求めなさい。　　　　　　（東京・駒場東邦中）

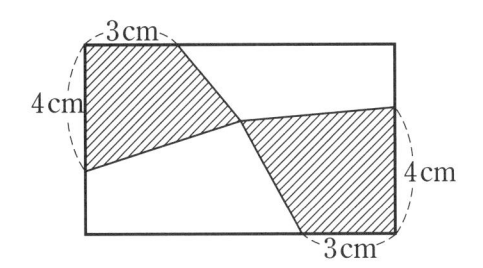

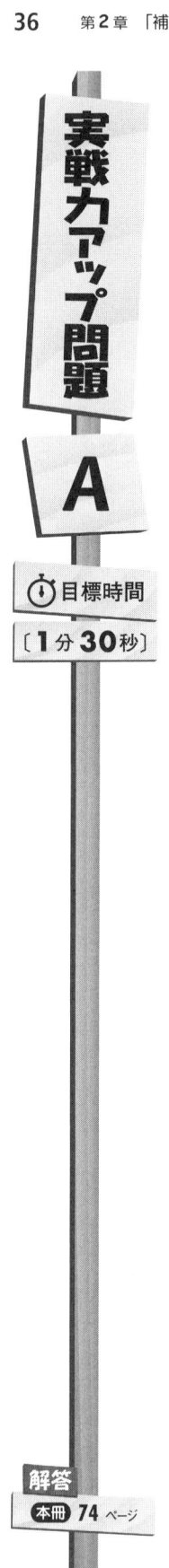

35 図のように長方形を区切ります。しゃ線部分の面積が $373cm^2$ のとき，長方形の面積を求めなさい。　(東京・成城学園中)

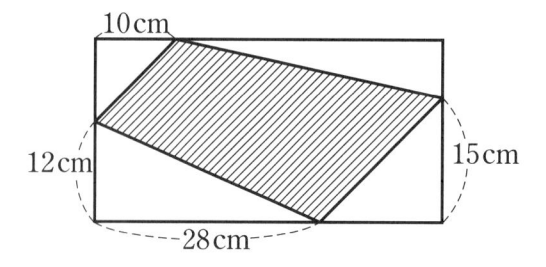

36 下の図のように，1辺8cmの正方形の辺上に点A，B，C，Dをとる。

$$ⓐ\text{cm}+ⓑ\text{cm}=5\text{cm}$$
$$ⓒ\text{cm}+ⓓ\text{cm}=3\text{cm}$$

のとき，四角形ABCDの面積は□cm²である。□にあてはまる数を求めなさい。

（兵庫・灘中）

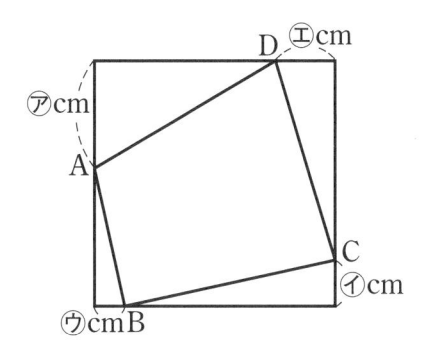

実戦力アップ問題 A

目標時間 〔1分〕

37 右の図のように，正六角形ABCDEFの頂点を結んで2つの正三角形を作ったところ，しゃ線部分の面積が10cm²でした。このとき次の問いに答えなさい。

(東京・田園調布学園中等部)

(1) 正三角形 ACE の面積は何 cm² ですか。

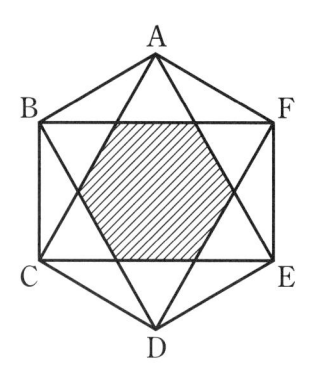

(2) 正六角形 ABCDEF の面積は何 cm² ですか。

(1)		(2)	

38 右の図の，円の内側の正六角形と外側の正六角形の面積の比を，最も簡単な整数の比で表しなさい。

(神奈川大附中)

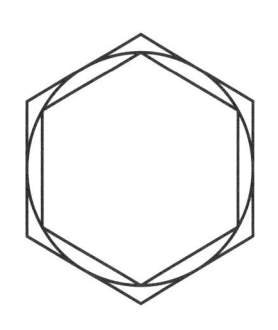

39 次の問いに答えなさい。

(1) 図のように3辺の長さが13cm, 14cm, 15cmで面積が84cm²の三角形にちょうど納まっている円の半径は□cm です。□にあてはまる数を求めなさい。

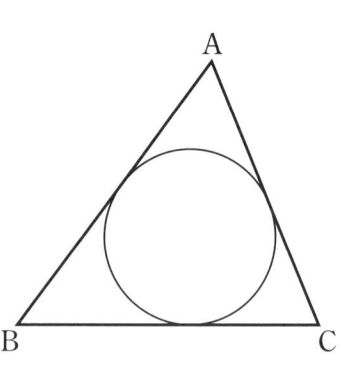

(兵庫・関西学院中学部)

(2) 下の図は，直角三角形ABCの中に円が1つ入っています。辺AB，辺BC，辺ACとその円が円周上の点D，E，Fでそれぞれ接しています。辺ACが6cm，辺BCが8cm，辺ABが10cmのとき，この円の半径の長さは何cmになりますか。

(東京・宝仙学園中)

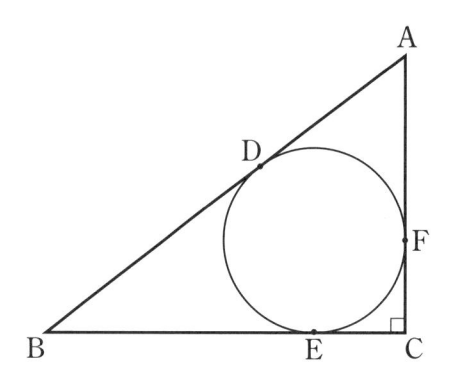

40 右の図は，1辺の長さが15cmのひし形で，2つの対角線の長さは18cmと24cmです。このひし形の内部に，同じ大きさの4つの円を入れたところ，ちょうどどの円も1つの辺にぴったりとくっつき，他の2つの円にもぴったりくっつきました。円の半径は□cmで，ぬりつぶした部分の面積は□cm²になります。
□にあてはまる数を答えなさい。ただし，円周率は3.14とします。

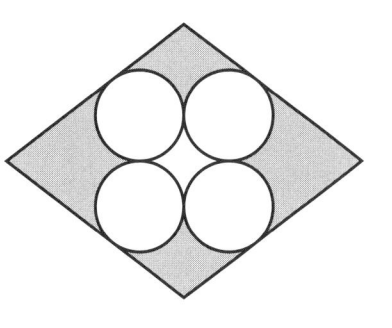

（東京・慶應中等部）

41 次の問いに答えなさい。

(1) 6つの角がすべて等しい六角形 ABCDEF が図のようにあります。辺 AB と辺 CD の長さを求めなさい。
（大阪・高槻中）

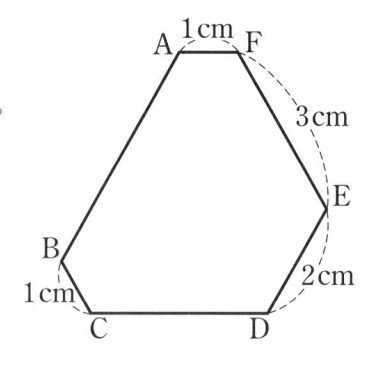

(2) 右の図は，すべての角の大きさが 120°の六角形です。
AB＝15cm，BC＝3cm，EF＝FA＝6cm のとき，この六角形のまわりの長さを求めなさい。
（奈良育英中）

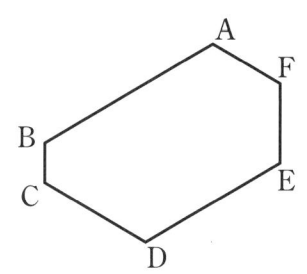

42 下の図のような6つの角がすべて等しい六角形があるとき，BCの長さは□cmになります。□にあてはまる数を求めなさい。

(東京・渋谷教育学園渋谷中)

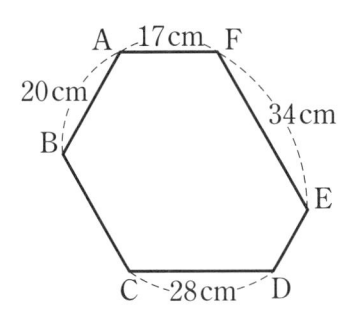

23

43 右の図形は1辺の長さが4cmの正方形と底辺の長さが4cmの二等辺三角形と直径が4cmの半円で作られています。

この図形のしゃ線部分の面積を求めなさい。ただし、円周率は3.14とします。

(神奈川学園中)

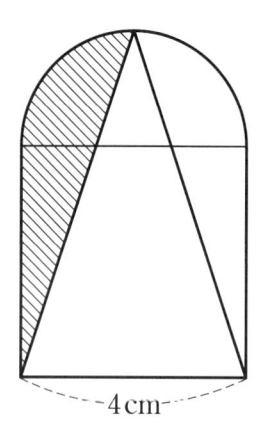

44 右の図の正方形の1辺の長さは8cmです。▭の部分の面積を求めなさい。ただし，円周率は3.14とします。
〔埼玉・星野学園中〕

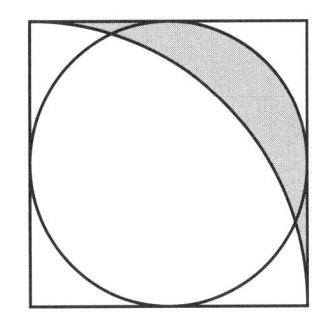

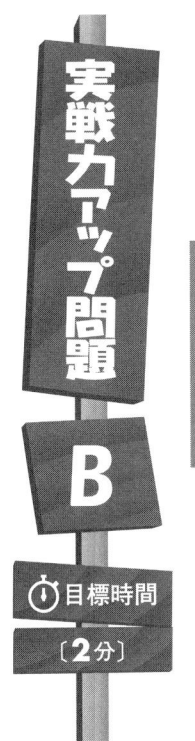

45 下の図は半径が6cmの円を4等分した図形の1つで，点Pは半径OAを2等分した点，点QはAからBまでの曲線の長さを3等分した点の1つです。かげのついた部分の面積を求めなさい。

ただし，円周率は3.14とします。　　　　　（埼玉・立教新座中）

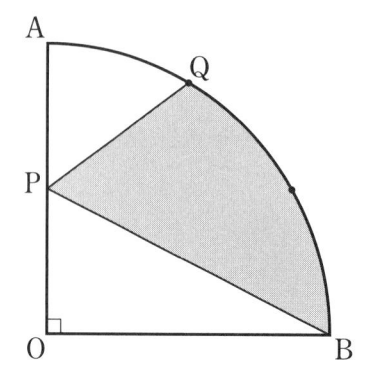

46 下の図のような直径12cmの半円があります。図の点は，円周の半分を6等分する点です。円周率を3.14として，しゃ線の部分の面積を求めなさい。

（京都・同志社女子中）

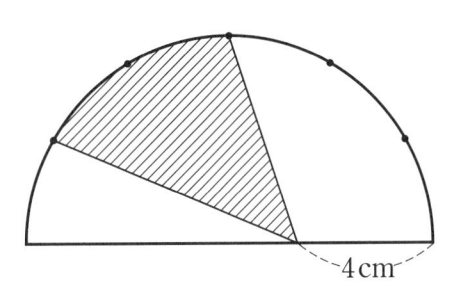

47 右の図のように、正方形の紙に半径が6cmと8cmのおうぎ形をかきました。

次の問いに答えなさい。ただし、円周率は3.14とします。

（東京・立教池袋中）

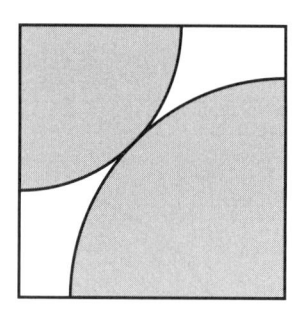

(1) この正方形の面積は何 cm² ですか。

(2) この正方形の白い部分の面積は何 cm² ですか。

(1)		(2)	

48 右の図の正方形ABCDのかげの部分の面積は□cm²です。

□にあてはまる数を答えなさい。ただし，円周率は3.14とします。（東京家政学院中）

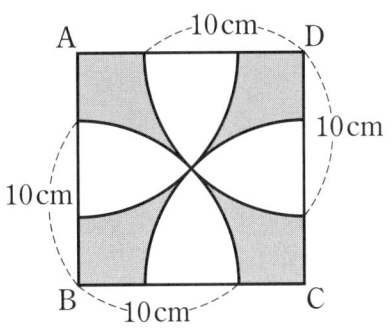

実戦力アップ問題 A

目標時間 [1分30秒]

49 右の図形は，半径が 8cm である円の一部に正方形がかかれていて，その正方形の1辺と同じ長さの半径の円の一部がかかれています。このとき，しゃ線の部分の面積は □ cm² です。□ にあてはまる数を求めなさい。ただし，円周率は 3.14 とします。（東京・立教女学院中）

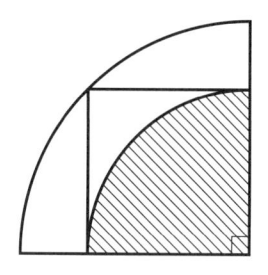

50 下の図の四角形 ABCD は正方形です。このとき，しゃ線部分の面積を求めなさい。ただし，円周率は 3.14 とします。

（東京・青稜中）

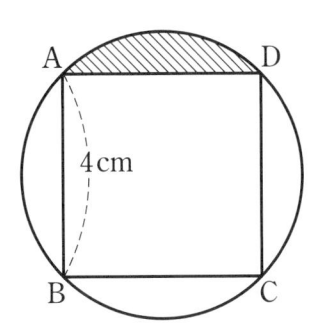

[51] 右の図の三角形 ABC において，AF と FE の長さの比は 2:1，DF と FC の長さの比は 2:3 です。三角形 ABC の面積は 90cm² とします。　（城北埼玉中）

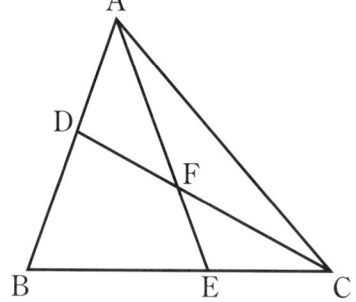

(1) AD:DB の比を求めなさい。

(2) BE:EC の比を求めなさい。

(3) 四角形 BEFD の面積を求めなさい。

(1)	(2)	(3)

52 図のように，三角形ABCの辺ACを3等分する点P，Qと辺BCを2等分する点Rをとります。ARとBP，BQの交わる点をそれぞれS，Tとするとき，次の問いに答えなさい。

（茨城・江戸川学園取手中）

(1) AT : TR を求めなさい。

(2) AS : ST : TR を求めなさい。

(3) 三角形BSTの面積は三角形ABCの面積の何倍ですか。

(4) 四角形CQTRの面積は三角形ABCの面積の何倍ですか。

(1)	(2)
(3)	(4)

53 図1は高さが3mの棒ABを地面に垂直に立てたときのかげのようすを表したものです。このときのかげBCの長さは5mでした。ただし，棒の太さは考えないものとします。　　　　　（北海道・函館ラ・サール中）

(1) 図2のように，かげのと中，棒から1mの所に地面と垂直なへいがあるとき，かげの長さBDEは何mですか。

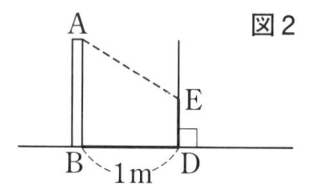

(2) 図3のように，かげのと中に高さ60cmの段差がある場合，かげの長さBFGHは何mですか。

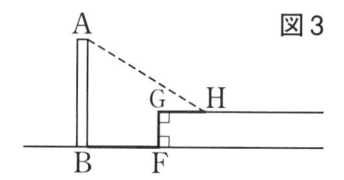

54 下の図のようにA，B，Cに，ある一定の方向から日光がさしています。図の太線はかげになっている部分です。このときビルCの建物の高さは何mですか。　　　　　　　　　　（東京・田園調布学園中等部）

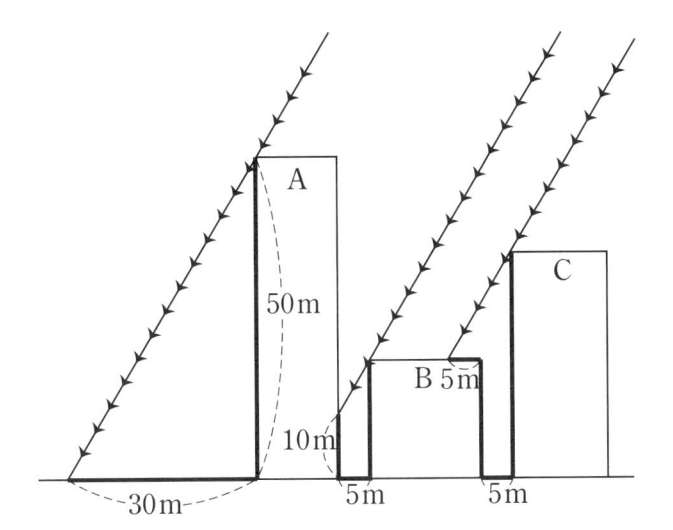

55 図のような正方形があるとき，次の問いに答えなさい。
(東京・日本大豊山中)

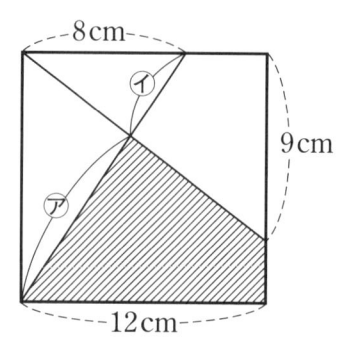

(1) ⑦と④の長さの比をできるだけ簡単な整数の比で表しなさい。

(2) しゃ線部分の面積を求めなさい。

56 右の図の台形ABCDにおいて，AD：BC＝3：5です。辺ABの真ん中の点をEとし，ACとEDの交点をFとします。
（東京・白百合学園中）

(1) EF：FDの比を求めなさい。

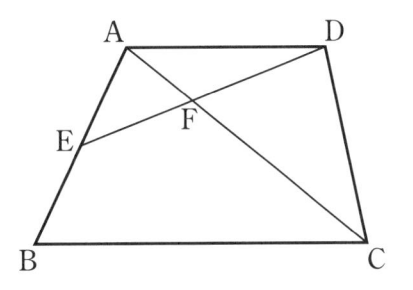

(2) 三角形DAFと三角形DCFの面積の比を求めなさい。

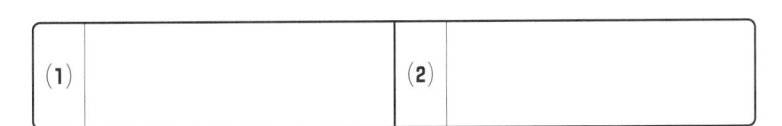

| (1) 5：6 | (2) 3：8 |

57 次の問いに答えなさい。

(1) 図は半円とおうぎ形を組み合わせたものです。しゃ線部分の面積を求めなさい。ただし，円周率が必要ならば3.14としなさい。　（埼玉・城西川越中）

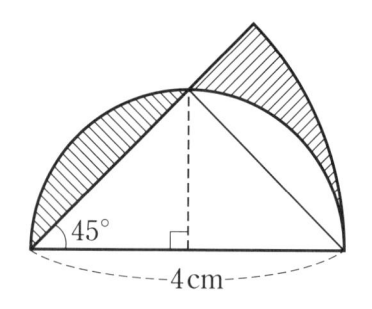

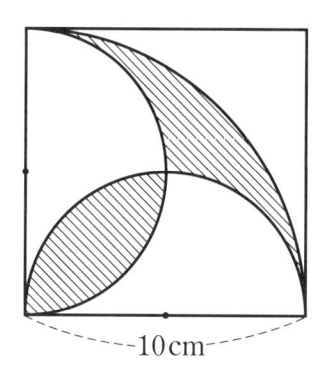

(2) 右の図の1辺が10cmの正方形とおうぎ形を組み合わせた図形のしゃ線部分の面積は □ cm² です。□ にあてはまる数を求めなさい。ただし，円周率は3.14とします。
（神奈川・相模女子大中学部）

| (1) | | (2) | |

58 下の図において，点A，Bは半円の中心です。しゃ線部分の面積の合計は□cm²です。□にあてはまる数を求めなさい。ただし，円周率は3.14とします。

（東京都市大付中）

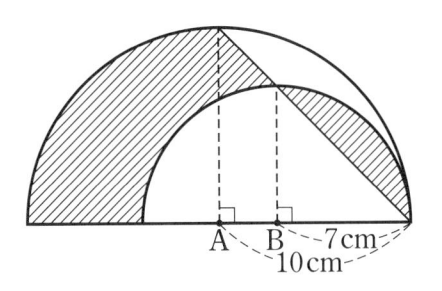

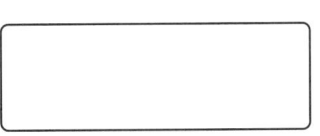

59 図は，直角三角形ABCを点Aを中心にして60度回転させたものです。

このとき，しゃ線部分の面積は，☐ cm²です。☐にあてはまる数を求めなさい。

ただし，円周率は3.14とします。　　　（埼玉・開智中）

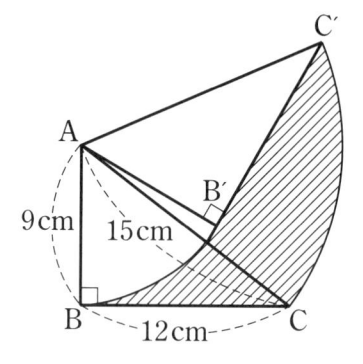

60 下の図のように，角の大きさが30度，60度，90度の三角形ABCが頂点Cを中心にして回転し三角形DECの位置にきたとき，辺ABと辺CEは平行になりました。

(北海道・函館ラ・サール中)

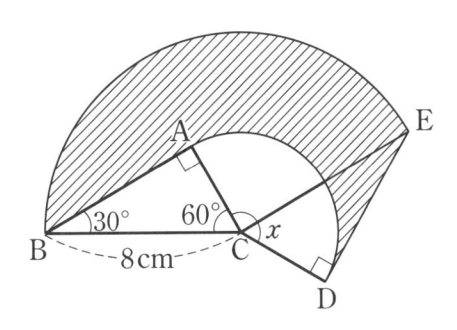

(1) 角xの大きさは何度ですか。

(2) 辺BCの長さが8cmのとき，しゃ線部分の面積は何cm^2ですか。ただし，円周率は3.14とします。

| (1) | | (2) | |

61 右の図のおうぎ形のしゃ線部分の面積は□cm²です。□にあてはまる数を求めなさい。

ただし、円周率は3.14とします。　　　　（東京・富士見中）

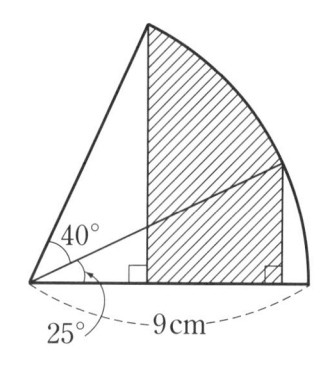

62 図のような，半径が 6cm で，中心角が 80 度のおうぎ形 OAC があり，AB と DC は平行です。このとき，弧 BC と 3 つの直線 CD，DA，AB で囲まれた部分（しゃ線部分の図形）の面積は □ cm² です。□ にあてはまる数を求めなさい。ただし，円周率は 3.14 とします。

（東京・城北中）

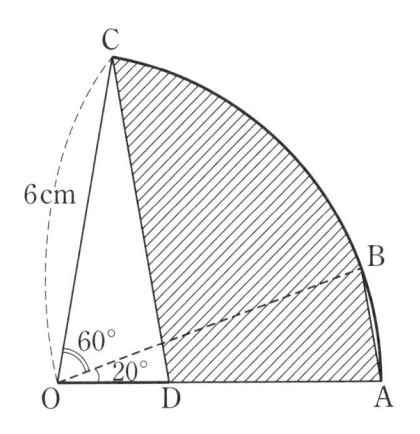

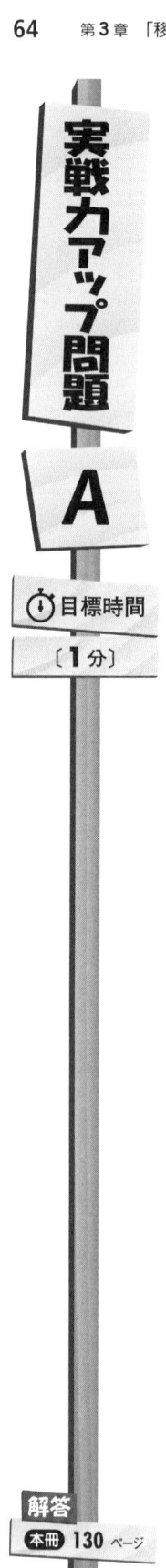

63 下の図で，三角形 ABC と三角形 ADE は直角三角形です。三角形 ABE の面積を求めなさい。　　　　（神奈川・逗子開成中）

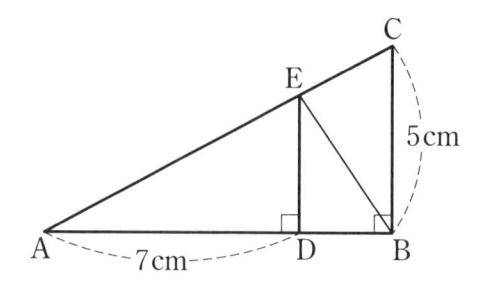

64 四角形ABCDがあり，角Bと角Cの大きさは90度，辺AB，BC，CDの長さはそれぞれ5cm，8cm，7cmです。四角形の中にある点Pと四角形の頂点をつないでできる4つの三角形を図のようにア，イ，ウ，エとします。

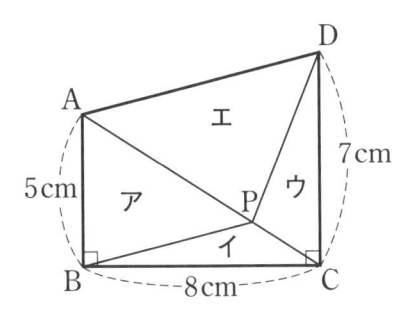

点Pが対角線ACの上にあり，直線BPが直線ADと平行になるとき，ウの面積は何cm²ですか。　　　　　　　　（広島学院中）

65 下の図で，しゃ線をひいたアとイの部分の面積の差を求めなさい。

(埼玉・浦和明の星女子中)

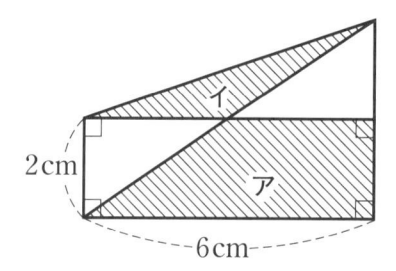

66 太線三角形の面積が24cm²であるとき、しゃ線部分の面積は何cm²ですか。

（大阪・帝塚山学院泉ヶ丘中）

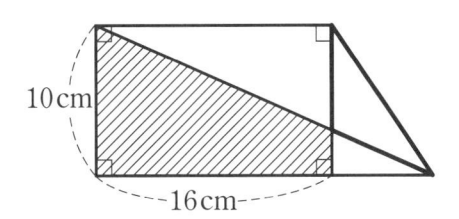

67 右の図は，面積が 120cm² の長方形 ABCD の辺 AB 上に点 E，辺 BC 上に点 F をとり三角形 EFD をかいたものです。三角形 EFD の面積が 50cm²，FC の長さが 5cm のとき，AE の長さを求めなさい。

(東京・かえつ有明中)

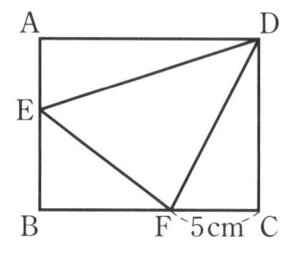

68 図は面積が $127 \mathrm{cm}^2$ の長方形 ABCD です。辺 BE の長さが 6cm で，しゃ線部分の三角形の面積が $50 \mathrm{cm}^2$ のとき，辺 DF の長さを求めなさい。

（京都女子中）

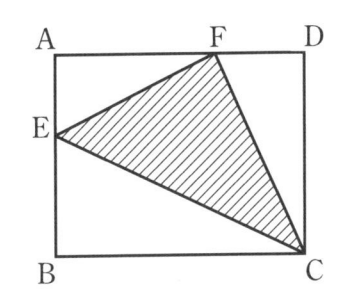

[69] 次の問いに答えなさい。

(1) 右の図において，しゃ線部分の面積は何 cm² ですか。ただし，曲線はすべて点 O を中心とする円周の一部であるものとします。
（大阪・近畿大附中）

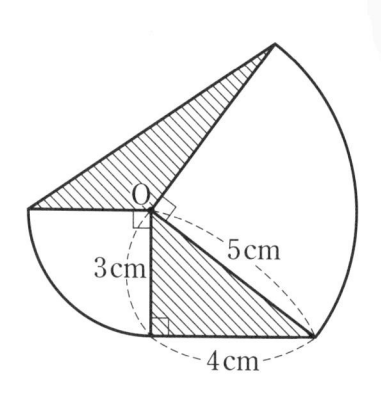

(2) 下の図の六角形 DEFGHI の面積は何 cm² ですか。ただし，四角形 ADEB，四角形 BFGC，四角形 ACHI はすべて正方形です。
（東京・明治大付中野中）

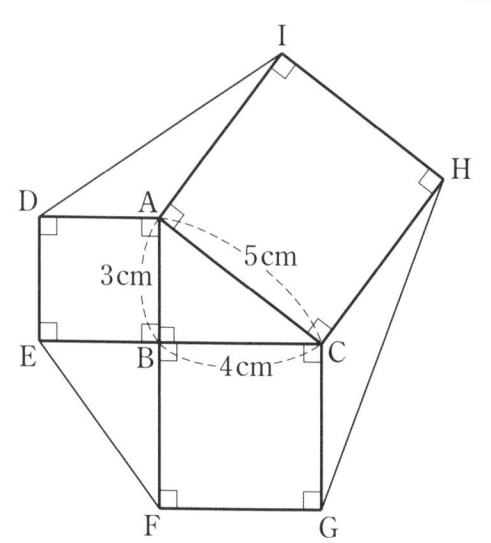

…線の三角形はすべて
…です。三角形(あ)の面積
…さい。　　　（愛知・東海中）

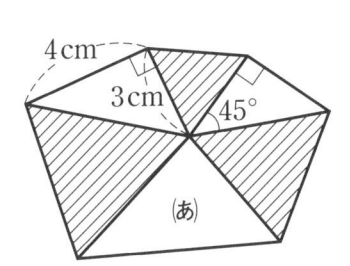

テーマ7　向かい合う三角形の面積の和

[71] 図のような1辺の長さが20mの正五角形のさくがあり，点Mの位置に長さ50mのロープにつながれた牛がいます。このさくの外側で牛が自由に動きまわれるはん囲の面積は何m²ですか。

ただし，円周率は3.14とし，牛の大きさは考えないものとします。

（愛知・南山中女子部）

70 下のような1周が24mのへいがあります。へいの黒丸の正三角形で長さが12mのロープが結んであり、その先端には犬がつながれています。犬はへいの外側しか動けません。(ア), (イ)それぞれの場合について、この犬が動けるはん囲の面積は何m²ですか。ただし、円周率は3.14とします。

(福岡・久留米大附設中)

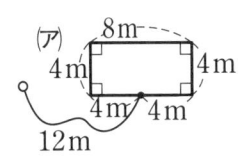

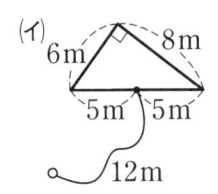

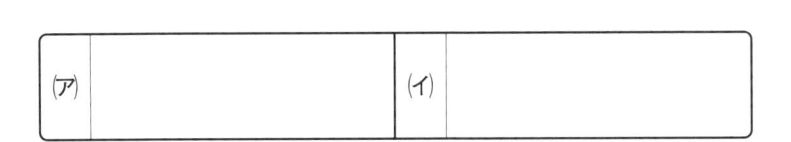

(ア)	(イ)

実戦力アップ問題 A

目標時間 〔2分〕

73 下の図のように，台の上のあの位置に1辺の長さが3cmの正三角形ABCがあります。この三角形を，矢印の向きに，すべらないように回転させて，いの位置まで移動させます。

(埼玉・浦和明の星女子中)

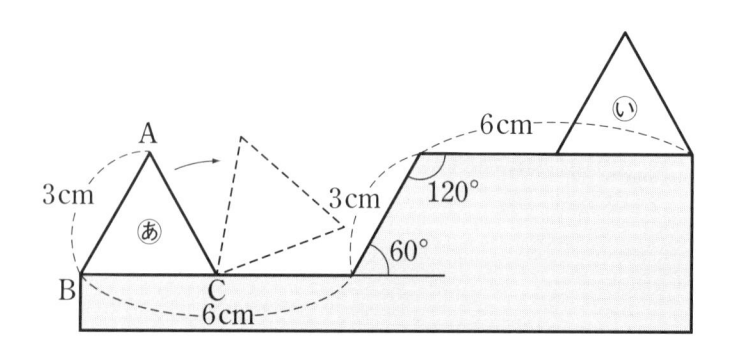

(1) 正三角形ABCがいの位置にきたときの頂点A，B，Cの位置を，下の図に書きこみなさい。

(2) 頂点Bが動いたあとにできる線の長さは何cmですか。ただし，円周率は3.14として計算しなさい。

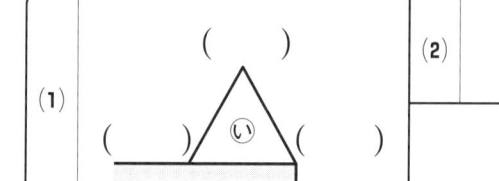

解答 本冊150ページ

74 1辺の長さが10cmの正五角形の周りに，1辺の長さが10cmの正三角形ABCを㋐の位置からすべることなく矢印の向きに回転させました。

これについて，次の問いに答えなさい。ただし，円周率は3.14とします。

〔東京・世田谷学園中〕

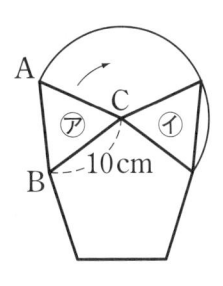

(1) ㋑の位置にはじめてきたとき，辺ACが通ったあとの図形の面積は何cm²ですか。小数第2位を四捨五入して答えなさい。

(2) 1周してはじめて㋐の位置にもどりました。このとき，頂点Aが動いたあとの線の長さは何cmですか。

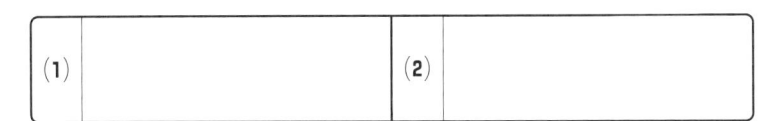

[75] 図1のような長方形ABCDがあります。この長方形ABCDを図2のように直線ℓ上をすべらないように転がしていきます。再び辺ABが直線ℓ上にきたところで，転がすのをやめることにします。このとき，点Aが動いたきょりを求めなさい。ただし，AB＝3cm，BC＝4cm，AC＝5cmとし，円周率は3.14とします。

（神奈川・浅野中）

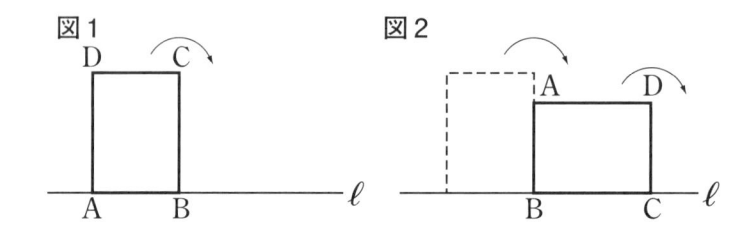

図1

図2

76 長方形ABCDが図の左の位置から台形の上をすべらずに回転しながら動き，右の長方形の位置まで移動しました。このとき，頂点Aが動いたあとの曲線の長さは何cmですか。円周率は3.14とします。

（神奈川・慶應普通部）

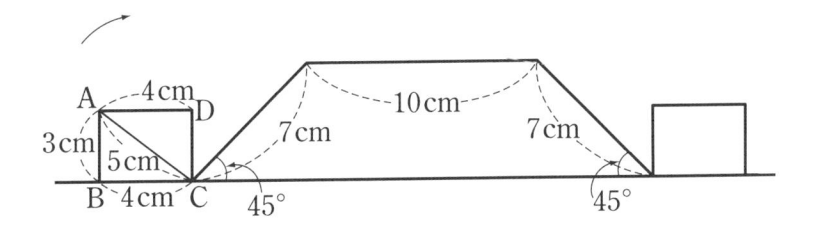

77 下の図のように，半径5cmの3つの円を1列に固定した図形があり，半径5cmの円Cが，この図形の外側にふれながらまわりをちょうど1周します。円Cの中心が動いたきょりは何cmですか。ただし，円周率は3.14とします。　（東京・本郷中）

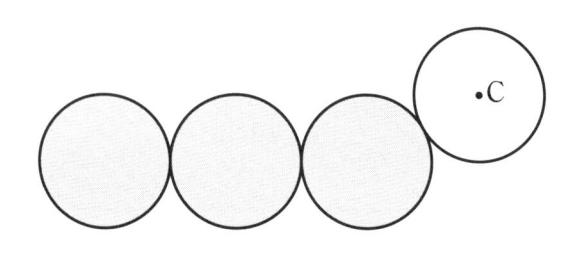

半径6cmの4個の円がくっついています。〔…〕って，そのまわりを同じ半径の円が1周すると〔…〕の中心Oが動いたあとの線の長さを求めなさい。た〔…〕，円周率は3.14とします。

（埼玉・立教新座中）

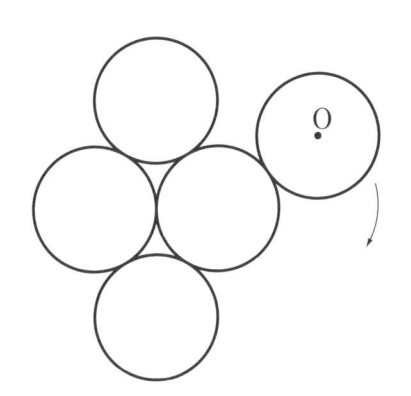

79 下の図の折れ線上を，半径2cmの円Oが，アからイの位置まですべることなく転がりました。円Oが通った図形の面積は何cm²ですか。

ただし，円周率は3.14とします。　（智辯学園和歌山）

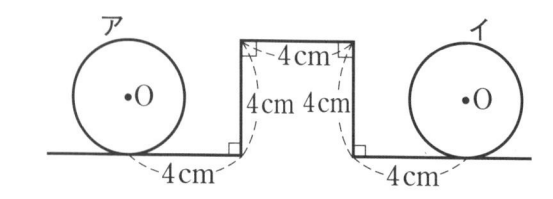

80 図のように，1辺 10cm の正方形から 1辺 6cm の正方形を切りぬいた図形があります。

この図形の周に沿って外側を半径 1cm の円が 1周するとき，この円が通った部分の面積を求めなさい。ただし，円周率は 3.14 とします。

（兵庫・白陵中）

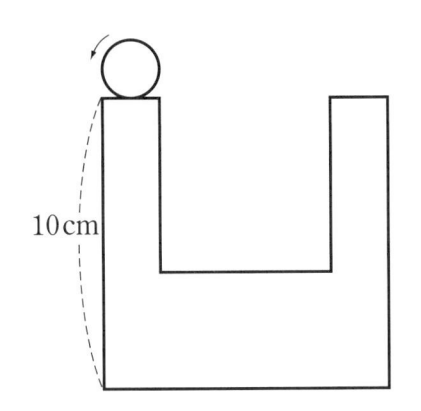

[81] 半径10cm，中心角45°のおうぎ形を，下の図のように直線XYの上を，すべらないように1回転させます。次の問いに答えなさい。ただし，円周率は3.14とします。

(千葉・聖徳大附女子中)

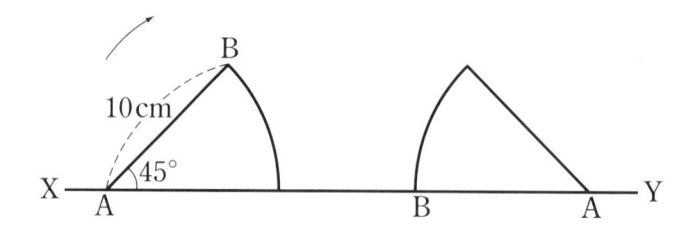

(1) 点Aが動いたあとの線の長さは何cmですか。

(2) 点Aが動いたあとの線と直線XYで囲まれてできる図形の面積は何cm²ですか。

(1)		(2)	

82 下の図のように，半径 6cm，中心角 60°の 2 つのおうぎ形を重ねた図形があります。この図形を直線 ℓ 上をすべらないように転がして 1 回転させたとき，図形が通る部分の面積は何 cm^2 ですか。ただし，円周率は 3.14 とします。（埼玉・淑徳与野中）

83 図1のように正方形A, Bが直線上にあります。Aは静止しているがBは図の位置から一定の速さで左の方向に動きます。このとき，正方形AとBが重なった部分の面積の変化を表したものが図2です。次の問いに答えなさい。
(兵庫・三田学園中)

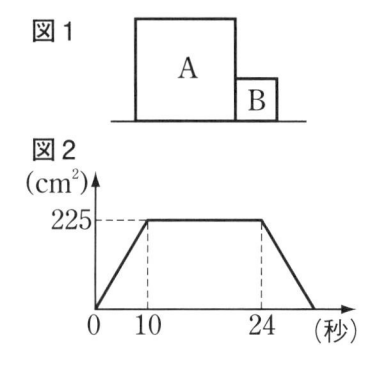

(1) 正方形Bの1辺の長さを求めなさい。

(2) 正方形Bが動く速さは毎秒何cmですか。

(3) 正方形Aの1辺の長さを求めなさい。

(4) 動き始めてから30秒後の重なった部分の面積を求めなさい。

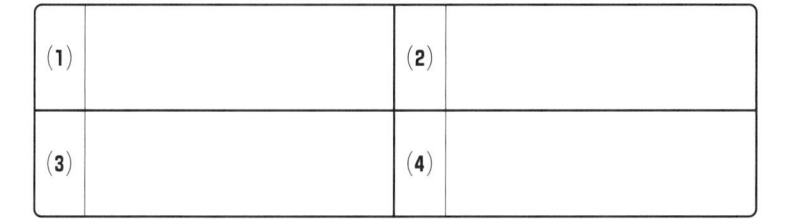

84

〔 〕内のいずれかを○で囲み，□にあてはまる数を入れなさい。

長方形と，1つの角が45度の直角三角形があり，図のように長方形を直線にそって矢印の方向に毎秒1cmの速さで移動させます。グラフは，移動を始めてからの時間と，2つの図形が重なってできる部分の面積の関係をと中まで表したものです。

(東京・女子学院中)

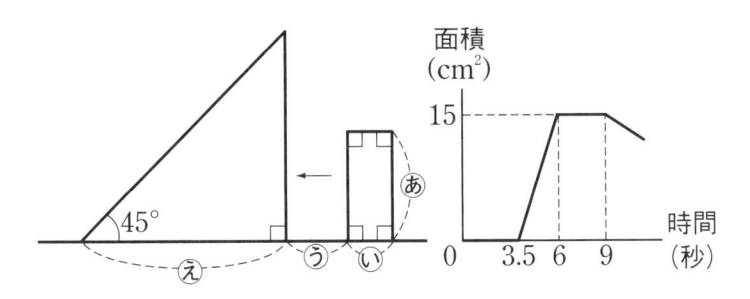

(1) あは □ cm，いは □ cm，うは □ cm，えは □ cm です。

(2) 重なる部分の面積が再び 0 cm² となるのは □ 秒後からです。

(3) 10.5秒後の，重なる部分の図形は〔三角形・四角形・五角形・六角形〕で，その面積は □ cm² です。

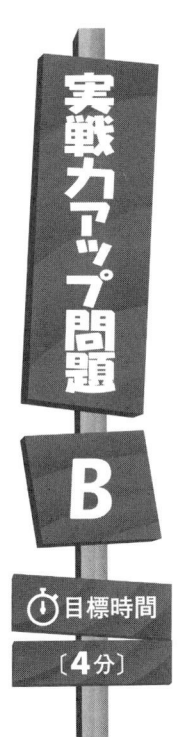

解答

(1)	あ	い	う	え	(2)
	6	2.5	3.5	11.5	17.5

(3)	三角形・四角形・**五角形**・六角形	13.875

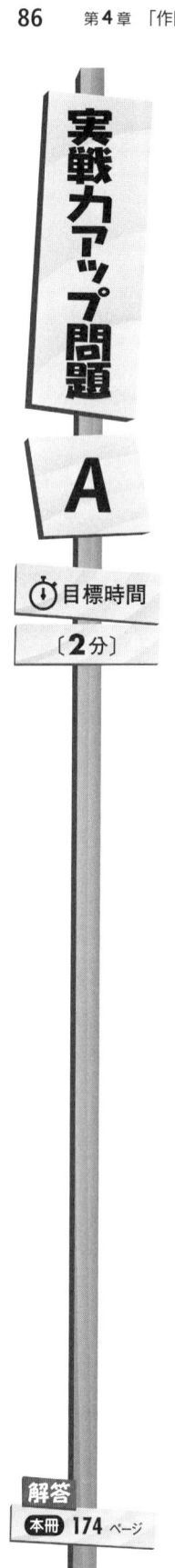

[85] 1辺が24cmの正方形の紙があります。図のように4回折って，しゃ線の部分を切り落としました。残りの部分を開いてできた図形の面積は何cm²ですか。

(神奈川・日本女子大附中)

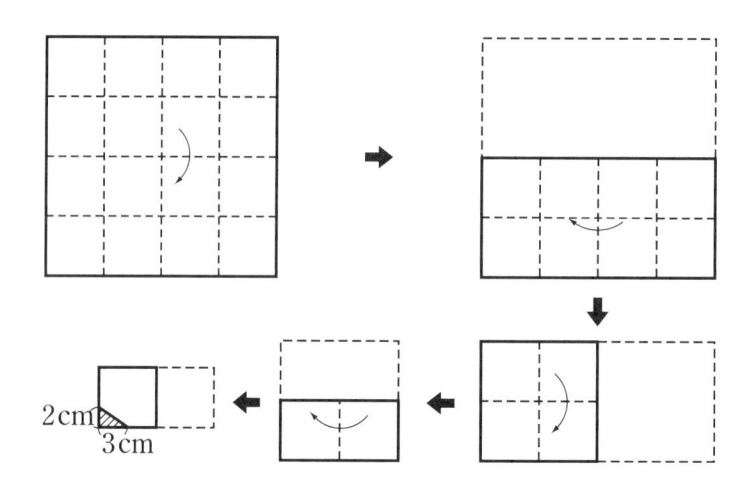

86 1辺の長さが16cmの正方形の紙があります。

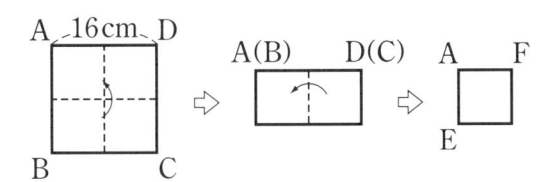

上の図のように，まず点Bが点Aに重なるように折り，次に点Dが点Aに重なるように折ります。そのあと，右の図のように，点Aをふくまない2辺のそれぞれの真ん中の点を結んだ線で三角形の部分を切りはなします。
　　　　　　　　　　（東京・豊島岡女子学園中）

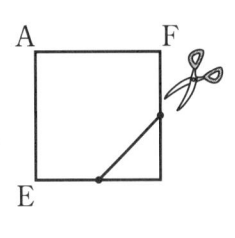

(1) 残った紙を広げたとき，広げた紙の面積は何cm²ですか。

次に，紙を広げる前の状態にもどして，次の図のようにもう1度同じ作業を行います。まず点Eが点Aに重なるように折り，次に点Fが点Aに重なるように折ります。そのあと，点Aをふくまない2辺のそれぞれの真ん中の点を結んだ線で三角形の部分を切りはなします。

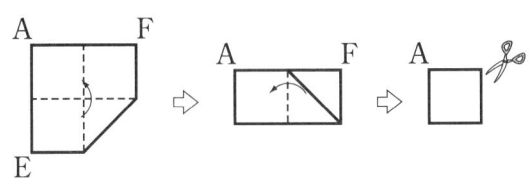

(2) 2回目の切りはなす作業のあと，残った紙を広げます。広げた紙の面積は何cm²ですか。

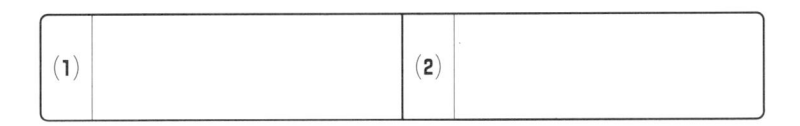

(1)		(2)	